还有比
树懒更懒的吗

意想不到的动物

[土耳其]法提赫·迪克曼博士 [土耳其]泽伊内普·塞维德 著 [土耳其]苏梅耶·埃尔奥卢 绘 王柏杰 译

中信出版集团 | 北京

图书在版编目（CIP）数据

还有比树懒更懒的吗：意想不到的动物 / （土）法
提赫·迪克曼博士，（土）泽伊内普·塞维德著；（土）
苏梅耶·埃尔奥卢绘；王柏杰译. -- 北京：中信出版
社，2023.9
    ISBN 978-7-5217-5279-3

    Ⅰ.①还… Ⅱ.①法… ②泽… ③苏… ④王… Ⅲ.
①动物－儿童读物 Ⅳ.①Q95-49

    中国国家版本馆CIP数据核字（2023）第021877号

Animal Atlas
© 2017 Dr. Fatih Dikmen, Zeynep Sevde and TAZE Kitap c/o Kalem Agency
The simplified Chinese translation rights arranged through Rightol Media
(本书中文简体版权经由小锐取得，Email: copyright@rightol.com)
Simplified Chinese translation copyright © 2023 by CITIC Press Corporation
ALL RIGHTS RESERVED

本书仅限中国大陆地区发行销售

还有比树懒更懒的吗：意想不到的动物

著　者：［土耳其］法提赫·迪克曼博士　［土耳其］泽伊内普·塞维德
绘　者：［土耳其］苏梅耶·埃尔奥卢
译　者：王柏杰
出版发行：中信出版集团股份有限公司
　　　　（北京市朝阳区东三环北路24号嘉铭中心 邮编 100020）
承　印　者：北京瑞禾彩色印刷有限公司

开　本：889mm×1194mm　1/8　　　印　张：14　　字　数：220千字
版　次：2023年9月第1版　　　　　印　次：2023年9月第1次印刷
京权图字：01-2023-0227
书　号：ISBN 978-7-5217-5279-3
定　价：68.00元

出　品：中信儿童书店
图书策划：好奇岛
策划编辑：范子恺
责任编辑：李娜娜
营　销：中信童书营销中心
封面设计：彭小朵
内文排版：田伟男

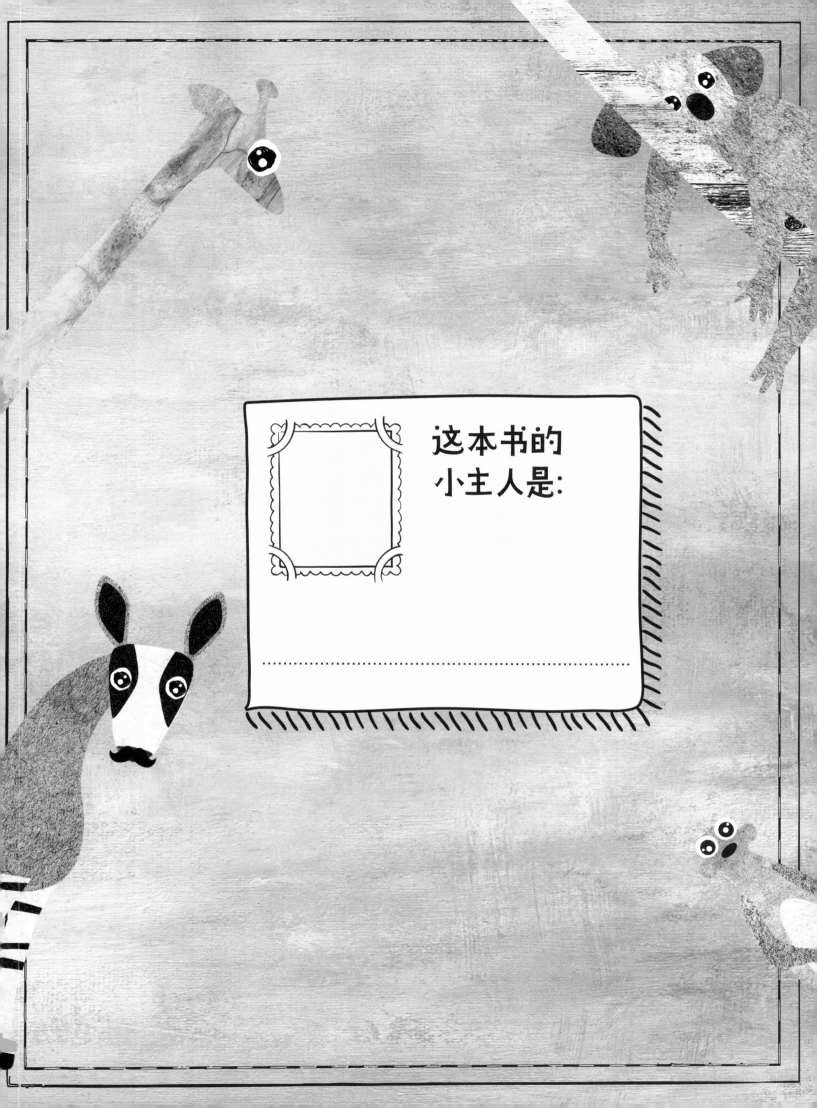

这本书的
小主人是:

目 录

非 洲

亚 洲

欧 洲

北 美 洲

南美洲

大洋洲

南极洲

犀牛的角并不是像大家想的那样由骨质组成，而是主要由角蛋白组成，和人类指甲、头发的主要成分一样。

尽管犀牛的耳朵跟体形相比很迷你，但它们却拥有敏锐的听觉。犀牛的嗅觉更加灵敏，它们可以通过气味来分辨和追踪同伴。

喜欢玩泥巴的巨兽：黑犀

黑犀是非洲体形最大的陆生哺乳动物之一，甚至能排进前五名。这种庞然大物虽然名叫黑犀，但皮毛并不是黑色的，而是接近灰色。黑犀最引人注目的一点，是头部的两个尖角。其中，前面的角更长一些，有的长度超过半米。

黑犀是植食性动物，平时喜欢吃味道可口的树叶和果子，比如金合欢树的树叶。但白天天气炎热，它们一般不出门，等到晚上或者清晨才出来觅食，吃饱了就在泥里打滚，来降低体温，然后找个凉快的角落懒洋洋地躺着。

犀牛的角是用来保护自己和幼崽的。

猜猜我是谁?

人类把犀牛角用作装饰品,这导致犀牛数量急剧减少。今天,黑犀已属于极危物种,为了保护犀牛,捕杀犀牛和买卖犀牛角的行为已被禁止。

黑犀的嘴唇好像一把勺子,可以轻松地把树叶送进肚子里。

名字:
黑犀

特点:
体形庞大,有两只尖角

拉丁学名:
Diceros bicornis

肩高:
1.5 ~ 1.75 米

体重:
850 ~ 1600 千克

登山健将: 西敏瀕羊

西敏瀕羊是一种生活在埃塞俄比亚的野山羊。在过去,这种山羊数量庞大,然而在人类发明热兵器后,人们开始用步枪打猎,导致西敏瀕羊的数量锐减,如今大约只剩下 500 只。

这种山羊生活在海拔 2500 ~ 4500 米山地的陡坡上,这些陡坡很少有动物生活。得益于蹄的特殊结构,它们能在陡峭的崖壁上行动自由。这种野山羊只在傍晚出来觅食,白天往往在岩石上休息,由于体色与岩石的颜色相似,天敌很难找到它们。

雄性西敏瀕羊的角大而宽厚,长度可达 1 米,末端微微弯曲,十分锋利。雌性的角短小一些。

雌性西敏瀕羊每年春天产下一到两只幼崽。这些小羊羔只要一年就能成年,然后成家。西敏瀕羊寿命可达 12 年。

西敏源羊是山羊中生活在世界最南端的种类。

猜猜我是谁？

雄性西敏源羊长着长长的胡须。这些胡须和人的胡须一样，会随着年龄的增长而发生变化。老山羊的胡子更长、更浓密，看上去仿佛慈祥的老爷爷。

名字：
西敏源羊

特点：
头上长角，能在峭壁行走

拉丁学名：
Capra walie

肩高：
1.4～1.7 米

体重：
80～125 千克

西敏源羊不仅吃草，也啃树皮。

9

安静却富有魅力：大猩猩

大猩猩是和人类一样拥有感情的少数动物之一。它会大笑，也会发出愤怒的声音，或是摆出一副严肃的表情，好像闷闷不乐的模样。雄性猩猩有宽阔的肩膀，坚硬的胸脯和倒三角形的身形，在森林里像个"健美冠军"一样四处闲逛。

大猩猩走路时会握住拳头。它们性格安静，过着三五成群的群居生活。每群大猩猩，都有一个雄性首领，4～5只雌性猩猩和一群幼崽。只有最孔武有力、经验最丰富的猩猩才能当上首领，指挥团队的活动。成年雄性的腰背部有灰白色的毛区，所以首领大猩猩的背部看上去是灰白色的，被称为银背大猩猩。

大猩猩可以活 40～50 年，在一生中养育 4～5 只幼崽，甚至更多。

大猩猩生活在中非的热带雨林里。

名字：
大猩猩

特点：
体形庞大的灵长类

拉丁学名：
Gorilla gorilla

直立身高：
1.25～1.8 米

体重：
70～250 千克

大猩猩主要以植物为食，是素食主义者。所以，你如果和它面对面也不必太害怕，可以给它一根竹笋或者一些水果，转移它的注意力。

啊啊啊！

某些族群的雄性大猩猩为了展示自己的雄威，会双脚直立，双手用力地捶胸口，大声咆哮，威震四方。

大猩猩"金刚"是美国电影里最出名的动物形象之一。但现实中大猩猩的体形并没有电影里"金刚"的体形那么夸张。

大猩猩的大拇指和食指可以碰到一起，这样就可以轻松抓取东西。

猜猜我是谁？

斑马的条纹和人类的指纹一样，每个人的指纹都不同，每只斑马身上的条纹也是独一无二的。这样它们就不会分不清彼此了。

黑白条纹的一个关键作用是可以让斑马在酷暑天气加快身体散热。

穿条纹衣的马：山斑马

斑马、马和驴都属于马科。黑白相间的条纹是斑马最明显的特征，因此人们也把它们称为穿条纹衣的马。那么问题来了，斑马究竟是黑色的皮肤上有白色的条纹，还是白色的皮肤上有黑色的条纹呢？我来揭晓答案：这种"穿着睡衣"四处溜达的滑稽动物，其实皮肤是黑色的，条纹是白色的。

斑马的听觉和视觉非常敏锐。奔跑时，时速最快能达到 60 千米。这个速度并不是所有动物中最快的，但也足够让斑马甩开敌人了。斑马和很多动物一样，也喜欢群居。每个斑马群体都有一个雄性首领。这个雄性首领会走在队伍的末尾，以便在敌人进攻时更好地保护群体。

猜猜我是谁？

斑马在成群结队地行进时，身上的条纹会让天敌视线模糊。这样一来，狮子和猎豹等天敌面对奔跑的斑马就会眼花缭乱，难以锁定目标，从而不敢轻易进攻。

斑马和马一样，吃草和树叶。

名字：
山斑马

特点：
黑白条纹

拉丁学名：
Equus zebra

肩高：
1 ～ 1.5 米

体重：
200 ～ 370 千克

斑马突然竖起耳朵，露出牙齿，或是瞪圆眼睛，这是它们在秘密地交流信息。

一生气就"打哈欠"的巨兽：河马

和大象、水牛、大猩猩一样，河马也是体格健硕的哺乳动物。但河马最重要的习性是特别喜欢水，生活在水里。河马一天中约有 16 个小时，也就是大概三分之二的时间，都会待在湖泊或河流的淡水中，以躲避非洲毒辣辣的太阳。太阳下山后，河马会上岸吃草。水草稀缺时，河马会在岸上长途跋涉，到处觅食，吃饱后再回到水里。

河马具有多种适应水中生活的结构。河马几乎没有毛发，腿很短，当身体都泡在水里时，眼睛、鼻子、耳朵还可以留在水表面，既能正常呼吸，又能及时发现危险。河马经常"打哈欠"，但这不是因为困，或者无聊，而是当敌人进入自己的领地时，它感到很生气，通过"打哈欠"来展示自己的牙齿，从而吓唬敌人。

河马是巨型哺乳动物。

河马虽然会游泳，但大多数时候还是选择在水中行走。

名字：
河马

特点：
会游泳，"打哈欠"

拉丁学名：
Hippopotamus amphibius

肩高：
1.5～2米

体重：
1500～2600千克

体长：
3～5米

河马一般在水中潜伏
3～5分钟出来换一次气。

猜猜我是谁？

刚出生的河马宝宝体重
在45千克左右。

咆哮的懒猫: 狮子

虽然狮子被人们称为森林之王，实际上，只有无比强壮有力的雄狮才能成为狮群之王。除此之外，狮子和"森林""王"两个字词都搭不上边。非洲的狮子并不喜欢生活在森林里。它们通常生活在平坦的草原上，以羚羊、斑马等动物为食。狮子是体形最大的猫科动物之一。它们群居，首领是雄狮，但打猎的工作却往往交给雌狮。打回的猎物，首领优先享用，剩下的分给其他成员。雄狮最明显的特征，是鬣毛和咆哮声。其他猫科动物没有鬣毛，也不会像狮子那样咆哮。

狮子很懒，每天绝大多数时间（大约 20 小时）都懒洋洋地躺着。

雄狮的鬣毛会随着年龄的增大而愈发浓密。这会提醒狮群在必要时更换首领，因为领袖年纪大了，就无法保护族群了。

狮子的咆哮声通常不是为了吓唬猎物，而是为了警告同类。

狮子的颈部连接着柔韧的筋腱，可以抻宽喉咙，这会让狮子发出颤音。狮子可怕的咆哮声就是这么来的。

狮群中的雌狮都很乐意照顾其他雌狮的幼崽。

狮子平均寿命是16年。

猜猜我是谁？

名字：
狮

特点：
懒洋洋的，长有鬣毛

拉丁学名：
Panthera leo

肩高：
1.5 ～ 2 米

体重：
110 ～ 225 千克

17

害羞的食客: 㺢㹢狓

　　㺢㹢狓是一种害羞而胆怯的动物，只见于刚果（金）境内。这种可爱的动物在1900年左右才被人类发现。由于㺢㹢狓个性很羞涩，常常躲着人类和其他动物，再加上它们常常居住在密林里，因此人类更难找到了。

　　㺢㹢狓大腿部的皮毛带有斑纹，有点像斑马，或者穿着条纹裤的鹿。又因为㺢㹢狓特别喜欢寻觅好吃的食物，为了找到喜欢吃的野果，它们会找遍方圆一千米的地方。它们长着和长颈鹿一样长长的舌头，可以轻松吃到高高长在枝头的果子或嫩叶。所以，我们也可以叫它们穿条纹裤的食客。

㺢㹢狓母子腿上的斑纹很相似。因此在集体活动时，㺢㹢狓妈妈很容易认出自己的幼崽。

一般雌性㺢㹢狓的体形比雄性㺢㹢狓大一些。

㺢㹢狓腿部的斑马纹，起到保护作用，可以帮助它们隐藏，从而躲避敌人的追捕。

獾㹢狓的听觉十分灵敏，可以听见人类听不见的次声波。

猜猜我是谁？

獾㹢狓的两只眼睛可以分别看不同的方向。

獾㹢狓一共有4个胃。

名字：
獾㹢狓

特点：
害羞，很会吃

拉丁学名：
Okapia johnstoni

肩高：
1.5 ~ 2 米

体重：
150 ~ 300 千克

獾㹢狓过着平静的生活，最大的乐趣就是旅行。它们像旅行家一样不停地在密林中游走。

听妈妈话的小可爱：獴美狐猴

獴美狐猴是主要见于马达加斯加岛上的一种猴子。小小的身子和长长的尾巴，让它们看上去像一个个小机灵鬼。那一对圆溜溜的大眼睛，白天看上去十分可爱，晚上则像幽灵一样吓人。獴美狐猴的拉丁学名就与幽灵有关。

在马达加斯加岛上，共生活着约 20 种狐猴。其中，最罕见的就是獴美狐猴了。獴美狐猴是小规模群居动物，在这个小团体里，雌性占主导地位，狐猴妈妈最有权威。而獴美狐猴与其他狐猴比较明显的不同，就是獴美狐猴每天几乎 24 小时都在活动。

獴美狐猴的眼睛里有一层"脉络膜"，这层膜可以反光，从而让狐猴在夜间拥有更好的视力，同时也让它们的眼睛在夜间发光。

獴美狐猴喜欢吸食吉贝树的花蜜。在吸食花蜜时，獴美狐猴沾上花粉，间接帮助了吉贝树传播花粉。

名字：
獴美狐猴

特点：
大眼睛，长尾巴

拉丁学名：
Eulemur mongoz

体长（不含尾长）：
30 ～ 40 厘米

体重：
1 ～ 2 千克

猜猜我是谁？

獴美狐猴一般通过声音和气味来互相交流。

獴美狐猴同样也喜欢吃嫩叶和果子。

獴美狐猴在全世界数量稀少，已经属于极危动物。

21

通常几千只埃及果蝠会结成一个团体，共同生活在山洞里。

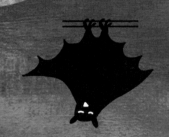

埃及果蝠倒挂在岩壁上时，会用脚趾的钩爪紧紧地抓住岩壁。这样一来，就能悬挂很长时间。

强大的寻路者: 埃及果蝠

埃及果蝠，是非洲，尤其是在埃及特别常见的一种动物。它们主要以植物的果实和花蜜为食，因此被称为埃及果蝠。埃及果蝠是蝙蝠的一种，它们白天躲在洞穴里或者树上，倒挂在岩壁或枝头休息，而到了晚上，它们就会出动，飞去觅食。

埃及果蝠在夜间看不见什么东西，依靠听觉来辨认方向和道路。它们会发出声波，并用耳朵接收反射回来的声波。这种方式被称为回声定位——雷达也是利用这个原理工作的。通过接收到的反射回来的声波，埃及果蝠能够辨别前方的物体所在的位置，并在飞行途中避开这些障碍物，十分灵活和敏捷。

埃及果蝠吃树上的果实和花蜜。它们帮助了树和花，因为它们不仅帮助花朵传播花粉，还会把吃进肚子里的种子四处散播。

埃及果蝠是食果蝠中唯一使用回声定位的蝙蝠。回声定位通常是食虫蝠的特征。

名字：
埃及果蝠

特点：
用回声定位法辨认方向

拉丁学名：
Rousettus aegyptiacus

体长：
10 ～ 15 厘米

体重：
80 ～ 150 克

狐獴最喜欢的食物是蟋蟀、蚱蜢等昆虫，也会吃小蜥蜴、小蛇、小鸟、各种蛋等美味及其他"开胃菜"。

挖洞能手：狐獴

狐獴是一种生活在南非沙漠里的小型哺乳动物，十分惹人喜爱。狐獴可以主动闭合耳朵，以避免风把沙子吹进去。狐獴最有趣的一点是它们的社会性和组织性，它们互相帮助，分工明确。狐獴习惯了家族式生活，它们的小集体并然有序。

如果一只狐獴想在自己的名片印上"挖洞能手"，那估计没有人会反对。因为这种小动物会用长长的前爪在地下挖出结构复杂的洞穴。在遇到危险时，它们能从洞穴的不同出口逃生。每一个狐獴群都有自己的地盘，每个地盘的网状洞穴至少有 10 个出口。

狐獴主要通过三种方式互相交流：气味、叫声和肢体语言。

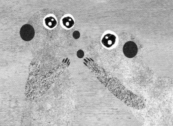

群体里的每一只狐獴都有自己的职责。有的负责照看幼崽，有的负责寻找食物，有的站岗，有的当老师。

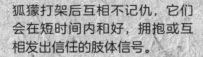

狐獴打架后互相不记仇，它们会在短时间内和好，拥抱或互相发出信任的肢体信号。

冷得缩成一团睡觉的狐獴，在醒来后做的第一件事往往是晒太阳。它们把肚皮迎着太阳的方向，直愣愣地站着享受日光浴。

名字：
狐獴

特点：
爱社交，有责任感

拉丁学名：
Suricata suricatta

体长（不含尾长）：
24 ～ 35 厘米

体重：
约 1 千克

25

世界上最高的动物：长颈鹿

长颈鹿是世界上最高的动物。这主要归功于它们两三米长的脖子，长长的脖子可以让长颈鹿轻松够到树冠的嫩叶。长颈鹿最喜欢的食物是金合欢树的叶子，因为它们多汁，长颈鹿吃了这种树叶，解饿又解渴。如果需要喝水时，长颈鹿还有独特的技巧。它们会把两条前腿朝左右两边叉开，向前低下头喝水。因为长颈鹿的前腿比后腿长，所以即使在这种姿势下，身体依然可以保持平衡。（请勿在家模仿这个动作，小心摔倒！）长颈鹿的脖子，也是雄性用来展示力量的武器。两只雄长颈鹿会像两个摔跤选手一样，用脖子缠斗在一起，而脖子更有力的雄长颈鹿会获胜。可能正是因为如此，雄长颈鹿的脖子几乎一生都在不断生长。

刚出生的小长颈鹿不到 30 秒的时间就能喝光大量奶。旺盛的食欲能让长颈鹿在 1 岁时就长到 3.5 米高。

长颈鹿的舌头像它的脖子一样，特别长。舌头能伸出约 50 厘米远，所以它们甚至会用舌头清洁耳朵。

长颈鹿头上有一对醒目的角状凸起。

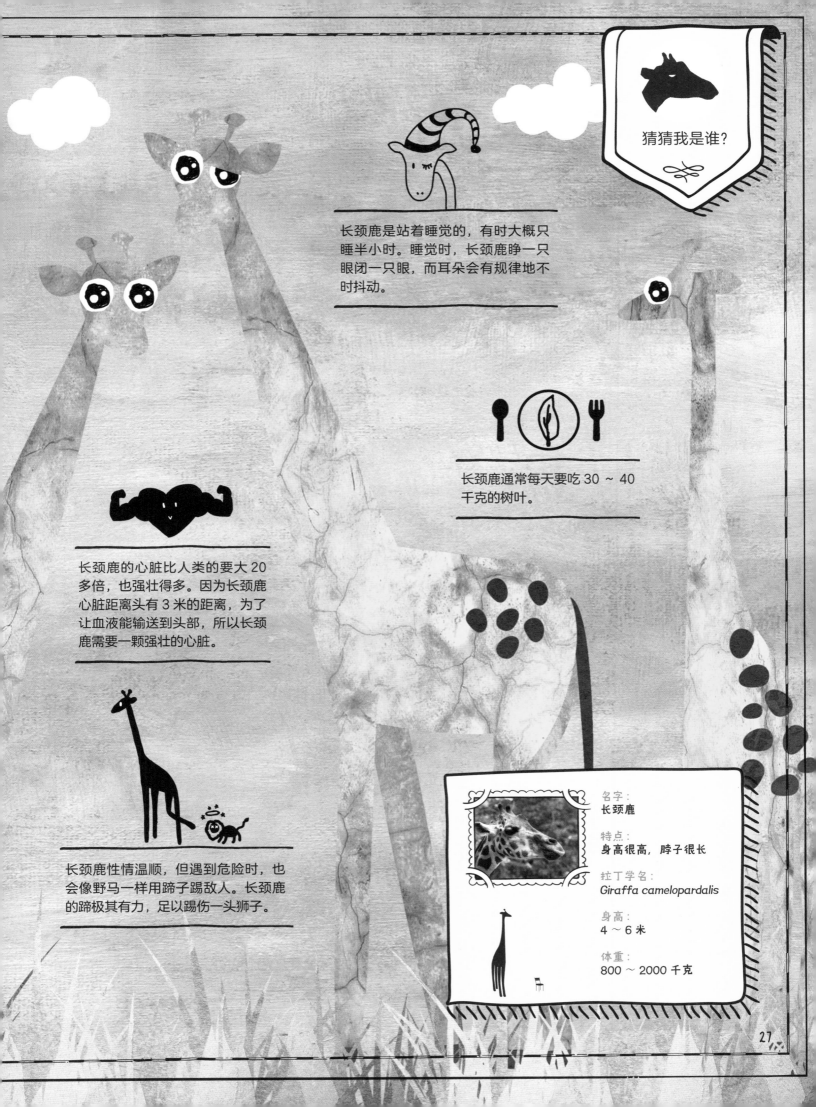

长颈鹿是站着睡觉的，有时大概只睡半小时。睡觉时，长颈鹿睁一只眼闭一只眼，而耳朵会有规律地不时抖动。

长颈鹿通常每天要吃 30 ~ 40 千克的树叶。

长颈鹿的心脏比人类的要大 20 多倍，也强壮得多。因为长颈鹿心脏距离头有 3 米的距离，为了让血液能输送到头部，所以长颈鹿需要一颗强壮的心脏。

长颈鹿性情温顺，但遇到危险时，也会像野马一样用蹄子踢敌人。长颈鹿的蹄极其有力，足以踢伤一头狮子。

名字：
长颈鹿

特点：
身高很高，脖子很长

拉丁学名：
Giraffa camelopardalis

身高：
4 ~ 6 米

体重：
800 ~ 2000 千克

惹人喜爱的大块头：亚洲象

亚洲象是整个亚洲体形最大的陆生动物。这些大块头惹人喜爱，通常以植物为食，平均每天吃150千克的食物，喝40升的水。母象会和小象们一同生活，有的公象则喜欢独来独往。

大象喜欢四处闲逛，白天天气炎热，它们会躲在树荫底下乘凉，晚上睡觉。

大象的脚底虽然看上去很平坦，但其实脚骨底端有一层软骨组织构成的垫子一样的缓冲物，这一结构可以让脚骨保持直立。因此，大象就好像穿了带跟的靴子，走路时用脚尖着地。但这双"靴子"并不太妨碍大象的行动，它们的行走速度能达到每小时25千米，奔跑起来就更快了。在很久很久以前，亚洲象分布在从土耳其的南端到东亚的亚洲大陆的各个角落。如今亚洲象数量大幅减少，只能在东亚看见野生的亚洲象了。

亚洲象在喝水时不必特意弯曲身子，因为它们的鼻子能吸起水，并送到口中。大象的鼻子能储存8升水，所以有时它们也用鼻子里储存的水来冲凉，降低体温。

大象会发出人类无法听到的次声波，来互相交流。这也被称作地震波通信。大象的这种交流方式，让同类在1万米以外都能听见彼此。

大象为了减少强烈的紫外线对皮肤的伤害，会把泥巴涂到身上。

大象性情温顺，易于驯服，所以古时候，人们常用大象来运载重物和作战。

猜猜我是谁？

大象的耳朵仿佛一把巨大的扇子，大象通过扇动两只大耳朵散发体内过多的热量，实现降温。

大象寿命可达 80 年。

名字：
亚洲象

特点：
庞然大物，鼻子很长

拉丁学名：
Elephas maximus

肩高：
2.5 ～ 3.5 米

体重：
3 ～ 5 吨

象鼻是和上嘴唇连在一起的。象鼻上有几万块肌肉，因此，象鼻不仅可以用来闻气味，还可以当作胳膊、手和武器使用。象鼻可以完成十分精细的动作，甚至可以从地上捡起一粒米。

每天花约 14 个小时吃饭的熊: 大熊猫

大熊猫拉丁学名的意思是"黑白色，长着猫脚的动物"。但大熊猫倒不太像猫，更像黑白色的熊。本来，大熊猫和熊也算是近亲。我们也不知道为什么起名的人会把大熊猫和猫联系到一起。说大熊猫的瞳孔和猫的有点像也许勉强说得过去。除此之外，大熊猫和猫是有很大的区别的。

大熊猫看上去有 6 根手指头，但其实不然。第 6 根手指头其实是一块固定的骨头，作用就好像人类的大拇指一样，可以与其他 5 根手指头配合轻松抓住竹子，吭哧吭哧地啃食。大熊猫每天要花约 14 个小时来进食。14 个小时里，它一共要吃下多达 40 千克的竹笋和竹叶。

大熊猫属于易危动物。据调查，全世界野生大熊猫不足 2000 只。

刚出生的大熊猫宝宝皮毛是粉色的，出生后 6 周左右才睁开眼睛。再过 5 ~ 6 周，熊猫宝宝才能逐渐看清眼前的东西。这段时间内，熊猫妈妈每时每刻都陪伴在幼崽身边。

名字：
大熊猫

特点：
爱吃竹子

拉丁学名：
Ailuropoda melanoleuca

体长：
约 1.5 米

体重：
70 ～ 120 千克

大熊猫和其他熊类不一样，不需要冬眠。

猜猜我是谁？

大熊猫尽管通常习惯于吃竹子，但也会不时吃条鱼来犒劳自己。

大熊猫一般独自生活。不过大熊猫妈妈会花 2 ～ 3 年陪伴子女的成长。

31

科莫多巨蜥能一口气吃下相当于自身重量 80% 的猎物，这顿饱餐够它好几天不吃不喝的了。

科莫多巨蜥的唾液中含有巨毒，因此这种唾液是致命的。科莫多巨蜥吃腐食，所以总是口臭。

科莫多巨蜥和其他爬行动物一样，靠带分叉的舌头来闻气味。这种灵敏的嗅觉便于它们追踪猎物。

最大的蜥蜴：科莫多巨蜥

科莫多巨蜥也叫科莫多龙，但它们却是目前世界上已知的最大的蜥蜴，或许是最接近西方传说中龙的动物了。也就是说，如果在现实世界中寻找一种动物来扮演龙，那科莫多巨蜥再适合不过了。科莫多巨蜥，有凶狠的眼神和能喷射毒液的臭嘴巴。

科莫多巨蜥的下颌异常有力，口中有一排锋利的牙齿，让人不禁想起鲨鱼。它们嘴巴一咬，甚至能咬住一只驼鹿。只不过因为体形太大，它们没办法奔跑太久。为了弥补这一弱点，它们的口中能分泌毒液，以确保捕食万无一失。如果哪个动物被科莫多巨蜥咬了一口，就算不会流血而死，也会中毒身亡，最终成为在一旁耐心等待的科莫多巨蜥的盘中餐。

科莫多巨蜥的尾巴和身子差不多长。

猜猜我是谁？

科莫多巨蜥的名字来源于它们的主要栖息地——印度尼西亚的科莫多岛。

科莫多巨蜥的表皮好似一层铠甲，上面布满了尖刺。

名字：
科莫多巨蜥

特点：
能分泌毒液，口臭

拉丁学名：
Varanus komodoensis

体长：
约 3 米

体重：
约 70 千克

披斗篷的毒液机器: 印度眼镜蛇

其实蛇类的攻击性不是太强。见到人类时，蛇的反应往往不是进攻而是逃跑。因此被蛇咬到的概率大概和被雷劈中的差不多，而且也不是每一种蛇都有毒。但眼镜蛇是一个例外。据不完全统计，每年大约有 5 万印度人因为被印度眼镜蛇咬伤而失去生命。

尽管印度眼镜蛇这么危险，印度人还是没有停止耍蛇。看上去十分高贵又充满危险的眼镜蛇，在笛声的诱导下起舞，这一场景依然令许多人感到兴奋和刺激。而真相其实是，眼镜蛇是听不见声音的，它并不会跟随音乐起舞，而是笛子的摆动和吹笛人敲击地面的节奏让眼镜蛇采取防御的姿态，这使它们看起来就好像在跳舞一样。

印度眼镜蛇的毒液并不是藏在舌尖，而是藏在牙齿里。眼镜蛇的尖牙中有个小孔，毒液就是从这个孔中释放的。而蛇的舌头则是用来闻气味的。

名字：
印度眼镜蛇

特点：
耳朵背，有毒

拉丁学名：
Naja naja

体长：
可达 2 米

体重：
1～2 千克

印度眼镜蛇颈部两侧的"领子"让它好像披着斗篷，上面有两个圆形的瞳孔图案。

什么？

尽管眼镜蛇听力不好，但它在黑暗中的视力却极好。

印度眼镜蛇一口咬下猎物所释放的毒液，能毒死 20 个人或者 200 只老鼠。

不要以为蛇特别喜欢攻击人，它平时以老鼠和鸟蛋为食。

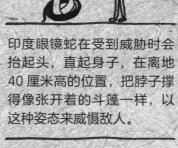

印度眼镜蛇在受到威胁时会抬起头，直起身子，在离地 40 厘米高的位置，把脖子撑得像张开着的斗篷一样，以这种姿态来威慑敌人。

35

爱泡温泉的动物：日本猕猴

日本猕猴是世界上生活地区最靠北的非人类灵长目动物。日本猕猴也叫雪猴，因为它们所生活的地区冬季最低气温低至零下15℃，地上的雪数月不化，雪猴作为在寒冷刺骨的冰天雪地里生活的唯一灵长目动物而出名。

它们能抵御严寒，不只是靠厚厚的皮毛，更是靠聪明才智。日本猕猴以能快速找到解决问题的办法而著称。比如在天气寒冷时，它们会找到自然环境中的温泉，然后泡在里面保持体温，这是抵御寒冷最好、最舒服的方法。据说，从前日本猕猴不会泡温泉，后来一只母猴不小心将手中的食物掉进了温暖的温泉里，为了捡起食物，它也跟着跳了进去。寒冷的冬天里，它泡在温泉中，享受极了，不肯出来。其他猕猴也学它跳进温泉池子里，于是这逐渐成为日本猕猴的一项技能。

日本猕猴的宝宝很依赖妈妈。在好几年的时间里，都黏着猕猴妈妈不放。日本猕猴的寿命大约是30年。

名字：
日本猕猴

特点：
特别爱享受

拉丁学名：
Macaca fuscata

体长（不含尾长）：
50～60厘米

体重：
8～12千克

日本猕猴有灰黄色的毛发，红扑扑的脸颊。

猜猜我是谁？

日本猕猴会 20～30 只组成猕猴群，过着群体生活。

沙漠中的旅行者：骆驼

骆驼是人类在恶劣的沙漠气候中必不可少的旅伴。人类使用骆驼载物的历史已经超过 4000 年。骆驼有长长的四肢，柔软又扁平的脚掌，这能让它们在沙地里和雪地里轻松行走，不容易下陷。如果你注意看骆驼走路的样子，会发现有一点奇怪。它们同时迈出同一侧的两条腿，这会让骆驼的行进速度更快。

骆驼的嘴唇和其他动物的也有所不同。上嘴唇从中间分成两瓣，下嘴唇则长而卷曲，这让它们看起来仿佛一直在微笑。正是得益于长而下垂的嘴唇，骆驼可以灵巧地吃带刺植物的嫩叶而不被刺伤。

骆驼的身上有两层毛发，外面那层会在冬天变长，成为一层厚厚的"大衣"，以抵御寒冷。

骆驼的驼峰里储存着脂肪，这些脂肪既可以转化成水分，也可以转化成能量。因此骆驼可以长时间不吃不喝长途跋涉。

长长的睫毛和可以闭合的鼻孔，可以让骆驼在沙尘暴中依然保持视线和嗅觉。

骆驼可以一口气喝下并储存50升水。这样，就能在缺水的沙漠里长途跋涉。

猜猜我是谁？

骆驼的脚有两个脚趾，所以被划分到"偶蹄目"。

一般一只骆驼可以载200千克重的担子，每天能赶40 ~ 50千米的路。

名字：
野骆驼

特点：
爱旅行，总是面带微笑

拉丁学名：
Camelus ferus

肩高：
1.8 ~ 2.3 米

体重：
450 ~ 700 千克

39

雪地里的猎手：雪豹

雪豹，大多生活在海拔 3000 ~ 6000 米的山区，这里几乎没有地势平缓的地方，到处是被积雪覆盖的陡坡。但雪豹却能在这样的环境下轻松地生活。它们的皮毛是灰白色的，上面布满了黑色的斑点和黑环，这种图案可以帮它们隐藏在岩石堆中。

雪豹能在陡峭的地形中灵活行动，主要依靠它们长而灵活的尾巴保持平衡。宽厚且覆盖着毛发的爪子则让雪豹不易陷入雪里。和其他豹子一样，雪豹会躲在角落里，等待猎物。它们是非常出色的猎手，通常独来独往，所以也是单独巡猎。它们最喜欢的猎物是山羊、小型鼠类或者中亚地区特有的一种岩羊。

由于对雪豹的全面保护，雪豹的数量在慢慢恢复。2017 年 9 月，世界自然保护联盟将雪豹从濒危类别调整为易危类。

雪豹的眼睛和其他豹类乃至猫科动物的都有所不同，是灰色或者淡绿色的。

名字：
雪豹

特点：
善于隐藏，尾巴很长

拉丁学名：
Uncia uncia

体长（不含尾长）：
0.75 ～ 1.5 米

体重：
30 ～ 70 千克

猜猜我是谁？

雪豹是独居动物。不过母豹会一直陪伴小豹，直到大约一年后，小豹能独立生活。

雪豹的尾巴长
约 90 厘米。

雪豹厚厚的皮毛能抵御严寒。
在休息时，雪豹会把又长又厚
的尾巴像围脖一样搭在身上。

雄性拥有华丽尾屏的鸟儿：蓝孔雀

只有雄性孔雀才有华丽的尾屏。当它们想炫耀自己时，就会开屏，尾羽的末端有许多眼睛形状的图案。雄性蓝孔雀的头顶有湖蓝色的羽冠，这又给它们增添了一分魅力。蓝孔雀虽然外表美丽优雅，叫声却很难听。大多数人都不敢相信这种怪怪的叫声是从美丽的孔雀身体里发出的。雌性蓝孔雀羽毛的色彩则单调朴素些，进入繁殖期后，它们会在地上找一个简单的凹窝，一次产下 4 ~ 8 枚蛋，然后趴在上面孵蛋。而优雅、高傲的雄性孔雀则游手好闲地到处闲逛，从来不照看孩子。

蓝孔雀主要以植物的种子为食，也吃昆虫和果子。

名字：
蓝孔雀

特点：
雄性有华丽的尾屏

拉丁学名：
Pavo cristatus

体长：
0.9 ～ 2.3 米

体重：
2.5 ～ 6 千克

孔雀平均寿命
是 23 年。

猜猜我是谁？

孔雀和火鸡是近亲，在古罗马时期，人们用孔雀肉招待远方来客。

孔雀图案是土耳其瓷器中很常见的图案。

孔雀生活在干旱、半干旱地区的灌木丛中，特别喜欢栖息在高枝上。

孔雀在受惊时，宁愿跑走，也不愿飞行。其实孔雀也可以飞上一小段距离。

能吞下一只山羊的蛇: 亚洲岩蟒

一条蟒蛇可以一口吞进一只大型动物，令人震惊。它是怎么做到的？是靠毒液吗？并不是，蟒蛇体内没有毒。不过这并不代表它没有危险。说到底，蟒蛇还是肉食性动物，以其他动物为食。它的嘴巴能张开很大，并且很有力，一口就能把老鼠、兔子等小型动物吞进肚子里；而对于鳄鱼等较大的动物，蟒蛇可以紧缠住并勒死它们。蟒蛇会用自己的身体缠绕猎物，让猎物窒息，然后再一口吞下，从来不咀嚼。这要归功于它硕大的体形和强健的肌肉，有了这两样优势，蟒蛇十分自信，但又表现出一副懒洋洋的样子。比如它会吞下一只山羊，然后若无其事懒洋洋地躺在原地，慢慢地消化刚刚吞进肚子里的庞然大物。

一条雌蟒蛇一次可以产下上百个乒乓球大小的卵，并待在上面孵2～3个月。

蟒蛇的下颌是没有关节的。因此它的嘴巴可以张开很大的角度，从而把体形比自己大得多的猎物吞进肚子里。

被蟒蛇吞进肚子里的猎物是不可能再从它嘴巴里逃出来的。这不是因为蟒蛇的下巴多么有力，而是因为它嘴里的锯状牙齿会卡住猎物，防止猎物挣脱。

实际上，蟒蛇比它看上去要胆小。即便已经吞下羚羊，一旦遇到危险，蟒蛇也会把它吐出来，赶紧溜走。

亚洲岩蟒喜欢在树上休息，也喜欢在水中漂浮。它是游泳的好手，能在水面漂浮数分钟。

好饱！

一条蟒蛇在大吃一顿后，几个星期都不会饿，因此不再进食。据记载，曾有一条蟒蛇甚至停止进食达两年之久。

名字：
亚洲岩蟒

特点：
行动缓慢，十分懒惰

拉丁学名：
Python molurus

体长：
2.4 ～ 3 米

体重：
40 ～ 50 千克

天生的剑士：阿拉伯剑羚

剑羚主要生活在沙漠和干旱平原，有细长的羊角，其中阿拉伯剑羚是生活在阿拉伯半岛上的唯一一种剑羚。阿拉伯剑羚和其他剑羚最显眼的区别，是它全身覆盖着白毛，只在面部、四肢和尾巴上有咖啡色的斑纹，因此也有人把它们称作白剑羚。在阿拉伯半岛上，由于勘探石油和捕猎等人类活动，野外环境中的阿拉伯剑羚已接近灭绝。1972年开始，人类主要采取人工繁殖再放归野外的办法保护阿拉伯剑羚。野生阿拉伯剑羚数量十分稀少，它们最常出没的地方是沙特阿拉伯的穆罕扎德·萨义德自然保护区中的广阔草原。因为阿拉伯剑羚很喜欢在这里吃草。

野生的阿拉伯剑羚规模已经大幅缩减，以前曾经能看见一百多只阿拉伯剑羚组成的大规模群体，如今一个剑羚群仅由十几只甚至更少的剑羚组成。

不论是公羊还是母羊，剑羚头顶都有一对半米多长的细角，笔直得好似两把利剑，上面有螺旋状的纹路。剑羚会用头上的"剑"来对抗侵犯自己领地的外来者。

名字：
阿拉伯剑羚

特点：
细长的角，雪白的毛

拉丁学名：
Oryx leucoryx

肩高：
80 ～ 100 厘米

体重：
65 ～ 70 千克

除了人类以外，阿拉伯剑羚最大的敌人是狼。

猜猜我是谁？

阿拉伯剑羚最喜欢在草地上吃草，还吃各种野草、灌木和树上的果实、树枝甚至根。

阿拉伯剑羚白色的毛发可以反射沙漠里毒辣辣的阳光，从而避免身体吸收太多热量。

47

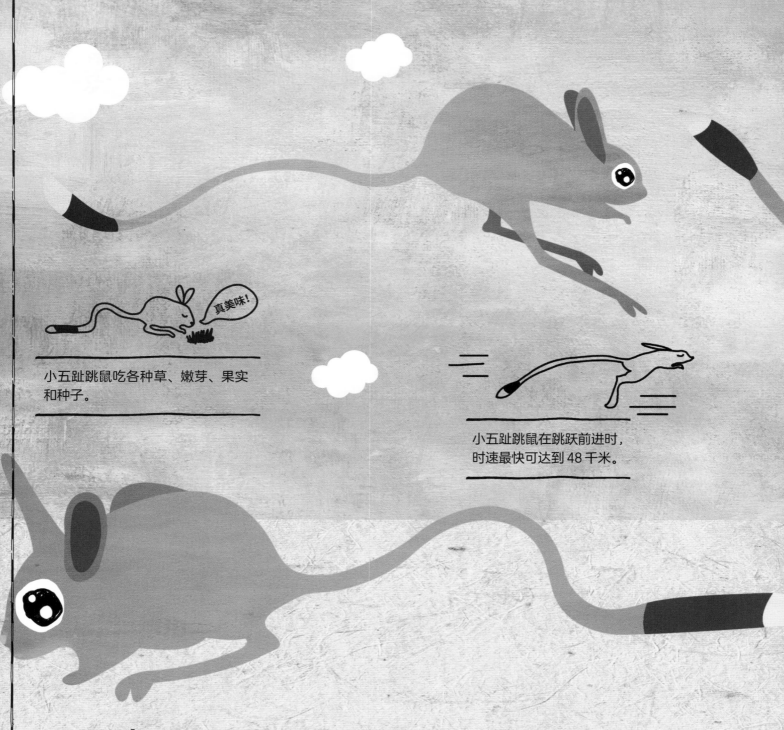

小五趾跳鼠吃各种草、嫩芽、果实和种子。

真美味!

小五趾跳鼠在跳跃前进时，时速最快可达到 48 千米。

一蹦一跳的大耳朵动物：小五趾跳鼠

小五趾跳鼠是沙漠中最可爱，也最悠然自得的动物。小五趾跳鼠的背部是棕色，腹部是奶油色的。它们的尾巴比身子还长，靠近末端的地方还有一段装饰性的由黑白两种颜色的毛组成的毛穗。小五趾跳鼠的耳朵很大，因此有点像兔子。由于它前腿短，后腿长，所以看上去又很像一只迷你的袋鼠。不过它们既不是兔子也不是袋鼠，而是和老鼠亲缘关系更近。

小五趾跳鼠完全适应沙漠气候。在酷热的白天，它们会躲在阴凉处，晚上才出门活动。到了成家的年龄，它们会在土壤里筑穴，遇到危险时就钻进洞穴里，紧接着把洞口堵塞。安静时，小五趾跳鼠会借助尾巴平衡身体，靠后腿支撑立起身；在活动时，也是靠后腿跳跃行动。

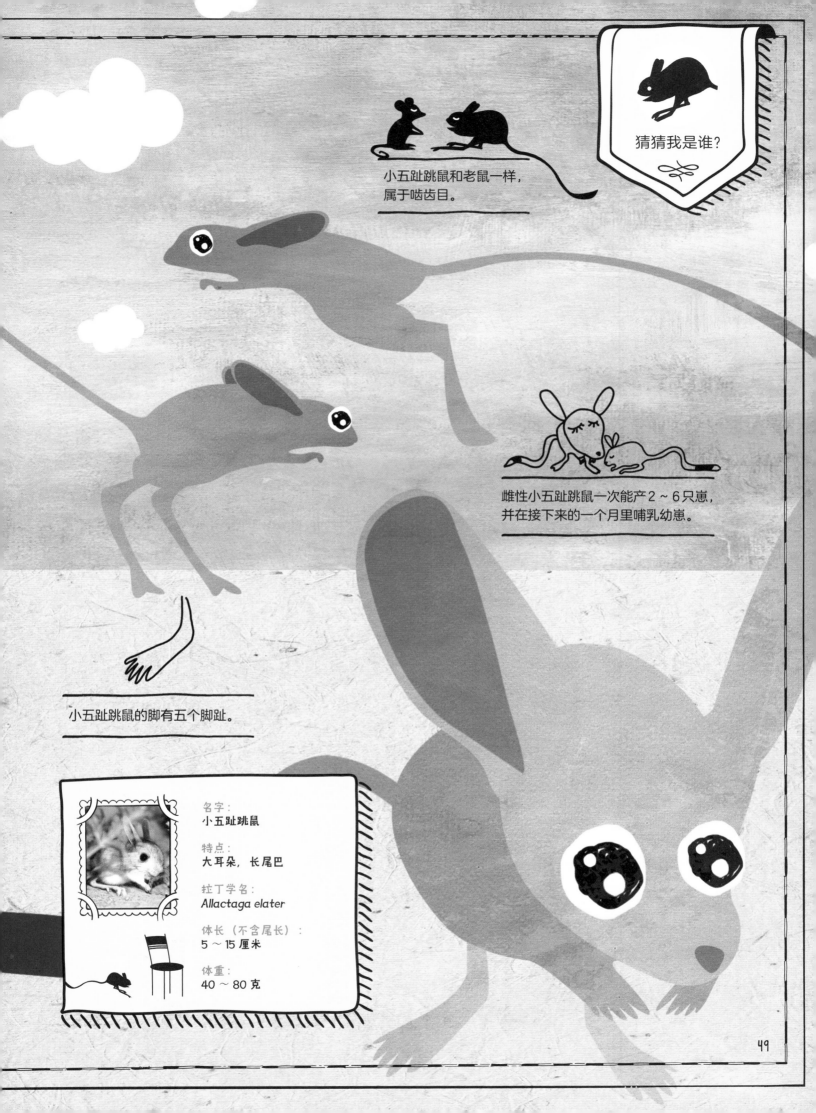

猜猜我是谁?

小五趾跳鼠和老鼠一样,
属于啮齿目。

雌性小五趾跳鼠一次能产2~6只崽,
并在接下来的一个月里哺乳幼崽。

小五趾跳鼠的脚有五个脚趾。

名字:
小五趾跳鼠

特点:
大耳朵,长尾巴

拉丁学名:
Allactaga elater

体长(不含尾长):
5~15厘米

体重:
40~80克

真正的森林之王：老虎

老虎和狮子都属于猫科动物，但老虎才是真正的森林之王。这不是因为老虎比狮子更厉害，而是因为狮子不喜欢生活在森林里，所以森林自然成了老虎的地盘。森林里没有比老虎更厉害的猫科动物，所以不少人认为东南亚森林里最危险也最威风的动物只剩一种 —— 老虎。

老虎有看起来威风凛凛的皮毛、强健的体格，令敌人闻风丧胆。不过老虎没有真正的朋友。在繁殖季之前，老虎一般形单影只地生活。在不同的文化中，老虎都是勇气、野性和力量的象征。但也正是因为如此，人们对老虎的皮毛垂涎不已，大肆捕猎老虎。在一些亚洲国家中，曾有把老虎的骨头研磨成粉来入药的传统。

老虎会在自己领地的边界上尿尿，来宣示领地。其他老虎闻到这股尿味就不会闯进来了。

老虎唯一的天敌是人。虎皮能收藏，虎骨能入药，因此大量老虎遭到人类猎杀。在 100 ~ 150 年前，从土耳其、高加索地区到东亚，几乎每一片土地上都栖息着成千上万只老虎。但今天，全球野生虎只有 3000 ~ 4000 只了。

猜猜我是谁？

老虎通常捕食鹿、水牛和野猪。

和大多数猫科动物不同，老虎很喜欢游泳。我们经常能在河边和湖边发现老虎的身影。其实，在炎热的天气里，浸泡在水里是老虎最有效的降温方法之一。老虎水性很好，一天能游 20 ~ 30 千米，甚至会在水中捕鱼、吃鱼和休息。

老虎和狮子不同，狮子会成群地追赶猎物，但老虎往往单枪匹马地行动，设下埋伏，伺机扑上去，而且它们通常在夜晚捕食。老虎会悄无声息地跟踪目标，寻找最合适的时机发起攻击。

名字：
虎

特点：
独来独往，游泳好手

拉丁学名：
Panthera tigris

体长：
1.6 ~ 3.9 米

体重：
160 ~ 390 千克

和妈妈在同一片海滩产卵的动物：红海龟

红海龟一生中的大部分时光都在海里度过。雄红海龟从来不上岸，雌红海龟也只有在产卵的时候会来到岸边，而且也不是一天内的每个时间段都合适。雌红海龟会在夜间来到一片僻静而干净的沙滩上产卵。它们的四肢呈桨形，利于划动水流，却不利于在岸上爬行。因此，在岸上爬行的雌红海龟总是一副摇摇晃晃的样子。

找到合适的地方后，雌红海龟会用后腿在沙子里刨一个差不多有半米深的大坑，在这个坑里产卵。产卵后，红海龟妈妈再用沙子盖上卵，把坑填平，爬回海中。在接下来的一到两个月里，红海龟的卵在夏季炎热的天气中自然孵化，最终红海龟宝宝破壳而出，它们钻出松软的沙子，然后摇摇晃晃地爬向大海。小红海龟在 20 ~ 30 年的时间里逐渐长大成年，又像妈妈一样爬到同一片海滩上来产卵。红海龟的族群就以这种方式世世代代繁衍不息。

红海龟卵在不同的气温下会孵化出不同性别的小红海龟。如果气温比较高，一般会孵化出雌红海龟；如果气温比较低，则孵化出雄红海龟的可能性更大。但这一说法并未被广泛认可。

红海龟和人类以及其他龟类一样，都是用肺呼吸。因此在水中，红海龟是憋气的状态，每半小时会浮到水面上来换气。不过有时红海龟可以一口气在水下憋 4 个小时。

名字：
红海龟

特点：
忠于同一片海滩产卵

拉丁学名：
Caretta caretta

体长：
1～2米

体重：
约100千克

红海龟的平均寿命
是60～70年。

猜猜我是谁？

在世界范围内，土耳其的爱琴海
地区、塞浦路斯和希腊的海滩，
都是红海龟产卵的胜地。

红海龟是易危动物，许多国家禁止捕
猎红海龟，红海龟产卵的海岸也受到
相应的保护和监管。

红海龟的卵约乒乓球大小，外壳很柔软、有
韧性，并不像鸡蛋壳那样坚硬。红海龟妈妈
每年可产多窝卵，每窝能产卵90～150枚。

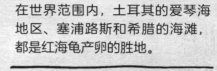

穿披风的小英雄: 小飞鼠

松鼠有长长的尾巴,喜欢在林子里转悠,鼯鼠科的小飞鼠与松鼠亲缘关系很近,却不在地面上闲逛,它喜欢从一棵树"飞"到另一棵树。但小飞鼠并不像猴子一样抓住树枝来"荡秋千",也不像鸟类一样振动翅膀飞行。和松鼠相比,小飞鼠身材更加扁平,身体两侧的飞膜像披风一样会随风撑开。

小飞鼠像滑翔伞运动员一样,从高处往低处滑翔时,身体可以很好地被空气托举起来,最远可以滑翔其初始高度3倍的距离。

小飞鼠的尾巴有10～15厘米长,快赶上体长了。这条又扁又长的尾巴在飞行时可以使它保持身体平衡,还可以用来"刹车"。

小飞鼠更喜欢待在杨树、桦树等落叶林里,以这些树的种子、果实和叶子为食。

名字:
小飞鼠

特点:
像穿了一件披风

拉丁学名:
Pteromys volans

体长(不含尾长):
13 ～ 20 厘米

体重:
约 150 克

因为主要分布在欧亚大陆北部等地，且在俄罗斯普遍分布，所以小飞鼠也被称作西伯利亚鼯鼠。

小飞鼠的眼睛在脑袋上占的比例很大，乌溜溜的眼珠在夜晚也能看清东西。

小飞鼠喜欢在夜间活动，白天一般隐匿在林子里。

在条件适宜时，小飞鼠可以一口气"飞出"100～130米远的距离。如果不停地滑翔，那飞出500米也就是一眨眼的工夫。

害羞而知足常乐的动物: 赤狐

在童话故事和动画片里，狐狸总是喜欢偷鸡，狡猾、自私的形象深入人心。但在现实中，这种害羞的动物唯一关心的事就是填饱肚子。它们并不像人们想象的那样喜欢从鸡窝里偷鸡吃。偷鸡吃是很少见的情况。

人们用"机灵又狡猾"来形容狐狸，很可能是因为狐狸无时无刻不在智取食物以填饱肚子。一只生活在森林里的狐狸会吃掉任何出现在眼前的啮齿目动物、果实和昆虫。而生活在城市里的狐狸，会在人类扔的垃圾里找吃的。即便吃饱了，它们也不会浪费剩下的食物，而是挖个洞，把食物埋进去，饿了再挖出来吃。它们可爱、警觉，却过着知足常乐的生活。

赤狐一般背部是棕红色的，腹部则是白色或者黄白色。这种外形优美的狐狸一般生活在土穴，或者枯树的树洞里。一般它们不会自己搭窝，而是住在兔子或者土拨鼠抛弃的旧窝里。但在必要的时候，赤狐也会自己挖洞，接下来的好几代都生活在同一个洞穴里。

赤狐是独居动物，不像狼会组成群体。

和猫一样，赤狐也靠尾巴保持平衡。除此之外，赤狐还把粗壮而蓬松的尾巴当围脖来御寒，有时通过摇动尾巴和其他赤狐交流。

如果你想看到一只可爱的赤狐，你可以在三月或四月去野生动物园，这时的赤狐毛发浓密，十分漂亮。看到赤狐后，你要静悄悄地观看，否则它很可能一发现你就会害羞地跑掉。

赤狐会发出各种声音来和同类交流，还会用不同的面部表情，或是留下气味，互相传递信息。

尽管赤狐不太喜欢其他动物的造访，但如果碰到一只流离失所的狼，赤狐也会欢迎它一起生活。

赤狐的寿命只有 10 ~ 14 年，在一生中，它们有很多敌人。但最大的"敌人"是公路上飞快驶过的汽车，这些汽车很容易让它们受到惊吓。

赤狐几乎可以在各种环境下生存。在亚洲、非洲、美洲和其他很多地方的森林、沙漠、高山和城市里都可以找到它们的踪迹。

名字：
赤狐

特点：
独来独往，很害羞

拉丁学名：
Vulpes vulpes

体长（不含尾长）：
45 ~ 90 厘米

体重：
2.5 ~ 14 千克

用食物"化妆"的鸟：火烈鸟

火烈鸟也叫大红鹳，身形颀长，通体粉红，是鸟类世界中最优雅的一员。这种优雅的颜色主要来自虾。当然了，这并不是说虾每天早上主动给火烈鸟"化妆"，但也差不多。火烈鸟最常吃的食物就是生活在咸水湖里的粉色小虾。火烈鸟正是由于经常以这种粉色的虾类为食，所以自己也渐渐变成粉色的了。火烈鸟在求偶时，也会充分炫耀自己身上的粉色。因为在火烈鸟眼中，身上的粉色越艳丽，就代表身体越健康。

火烈鸟的长颈呈"S"形弯曲，末端黑色的喙向下弯曲，便于它们从水中捕捉食物。弧形的喙从水中叼住小鱼、小虾或者浮游生物时，类似筛子结构的口腔能将一同吸进嘴里的水排出去。

火烈鸟在自己的地盘里，不喜欢其他生物来访。火烈鸟发现人类或其他动物进入自己的领地时，会很焦虑，感到很不自在。

名字：
大红鹳

特点：
色彩艳丽，喜群栖

拉丁学名：
Phoenicopterus roseus

身高：
1～1.5 米

体重：
3～4 千克

火烈鸟的平均寿命是 60 年。

世界上很多炎热而潮湿的地区都生存着火烈鸟。它们最喜欢栖息在盐湖水滨。

火烈鸟喜欢结群生活，组成一个庞大的族群。在聊天时，它们会发出像大雁一样的"嘎嘎嘎"声。

除了虾类，火烈鸟还吃昆虫及其幼虫、小鱼、植物种子和苔藓等。

59

爱跳舞的捕猎小能手：伶鼬

　　伶鼬是世界上最小的食肉哺乳动物，别看它们只有巴掌大小，攻击性却非常强。它们充满攻击性的根本原因是饿得太快了。一天中的大部分时间，伶鼬都在忙着捕食小动物。如果你在白天或者夜间发现一只伶鼬，那它多半在忙着填饱肚子呢。为了不饿死，伶鼬必须不停地吃东西。如果一整天没有进食，伶鼬的体重就会减轻一半。

　　伶鼬的头、肩、四肢和尾巴都是或深或浅的棕色，而腹部则是白色的。它们的身体又细又长，甚至可以钻进老鼠洞里把老鼠抓出来。它们的脑袋比较扁小，

四肢也很短，骨骼灵活且身体柔软，因此在狭小的空间里可以灵活施展身体。这些身体特征让它们成为一只只猎手。

　　伶鼬最有趣的一点是它们会跳滑稽的"舞蹈"。因为这种"舞蹈"可以分散猎物的注意力，便于捕获猎物，所以被称作"战斗之舞"。在"跳舞"时，伶鼬会原地跳起，蜷起身子，竖起全身的毛发，发出狗一样的叫声。在捕猎的过程中，为了看清周围的动静，它们常常用后脚直立，观察四周，从而更好地保护同伴或威慑敌人。

伶鼬会默默地把巢穴中的某一个固定区域当作厕所使用。

在地下捕猎时，伶鼬的嗅觉会发挥关键作用，同时长长的鼻毛也会感知到周围的动静，从而找到猎物的活动方向。

名字：
伶鼬

特点：
很会"跳舞"，经常肚子饿

拉丁学名：
Mustela nivalis

体长（不含尾长）：
13 ~ 21 厘米

体重：
30 ~ 90 克

母伶鼬体形十分小巧，却可以一口咬死比自己体形大两倍的动物。

猜猜我是谁？

伶鼬的每只脚都有五个带趾甲的脚趾。这些脚趾不仅可以快速在土里挖洞，还能让伶鼬在一瞬间抓住猎物。

伶鼬是独居动物。寿命通常在 2 ~ 3 年。

伶鼬会在巢穴附近释放分泌物，留下气味信息。在受惊时，伶鼬同样会释放出气体，这种难闻的气体会令敌人不想靠近。

森林的气压表: 欧洲树蛙

树蛙差不多只有成年人的一个拳头大小，生活在公园、庭院、阔叶林、湖泊和小河畔。树蛙腹部白色，背部鲜绿，身体两侧各有一条从鼻孔一直延伸到大腿的深色条纹。雌树蛙的咽喉部是白色的，雄树蛙则是浅棕色的。在森林里，你很难发现它们，因为它们早就和周围的环境融为一体了。白天，树蛙待在和自己颜色相近的叶片上隐藏自己，不出去觅食；到了晚上，在夜色的掩护下，树蛙可以自由自在地四处晃荡，寻找美味的蜘蛛和昆虫来填饱肚子。

树蛙并不会一直在树上隐蔽地待着。它们的呱呱叫声非常响亮，尤其是在快要下雨时，呱呱地叫得更大声了，这表明气压有变化。树蛙可以看作森林的气压表。

一只树蛙大约能活22年。

名字：
欧洲树蛙

特点：
呱呱鸣叫，行动敏捷

拉丁学名：
Hyla arborea

体长：
3～5厘米

体重：
5～7克

雄树蛙的"下巴"鼓起来时，你可以看到它的声囊。正是由于这个结构，在一千米远的地方你都能听见它的叫声。而当树蛙一声不吭的时候，这个囊状结构就像瘪了的气球。

树蛙的脚趾之间有蹼，且趾末端是圆润的形状，有吸盘，这种独特的结构更易于攀爬。

有些蛙类的皮肤会分泌出一种有毒的液体。如果有一头牛在吃草时不小心把毒性大的蛙也吃进去了，会有致命危险。

猜猜我是谁？

● × 1000

一只树蛙单次产卵 800 ~ 1000 粒。

欧洲树蛙的后肢比前肢更强壮，也更发达，因此跳得很快。

大自然的储藏师: 红松鼠

在秋季，如果你来到森林深处，看到一只在林子里上蹿下跳的松鼠，你大概就能猜到它是在为过冬做准备。松鼠是大自然的储藏师，它们对于生活精打细算，一直到秋季结束，都会忙着准备过冬的美味食物。

一只红松鼠每天能采集到数百枚松果，然后把它们埋在用树叶、树枝和树皮堆起来的小山里。松鼠之所以对松果情有独钟，是因为它们喜欢里面的松子。在松果壳和树叶堆的双重保护下，里面的松子可以长时间保持新鲜，到了冬天，松鼠就不用吃腐坏或是干枯的食物了。除了松果外，松鼠还收集蘑菇。蘑菇很容易腐烂，所以松鼠会先把它们放在太阳下晒干，然后储藏在隐秘的地方。

红松鼠并不是全身上下都是红色的。它们的背部和头部的皮毛呈或深或浅的红色、棕色或黑色，而肚皮则是白色或是淡黄色的。当然了，和其他松鼠一样，红松鼠也有着毛茸茸的长尾巴。

松鼠大部分时间单独生活，但寒冷的冬天，它们会和同伴住进一个巢里。这样，它们既可以互相抱着取暖，又能帮助没有搭巢的同伴。有时，一个巢里的松鼠数量甚至会超过 50 只。

松鼠一般在树洞里搭巢。一只松鼠在一片森林的不同角落可能有好几个巢，其中多数是为了躲避天敌的追捕而搭建的。

名字:
红松鼠

特点:
精打细算，爱分享

拉丁学名:
Sciurus vulgaris

体长（不含尾长）:
20 ～ 25 厘米

体重:
250 ～ 350 克

红松鼠的寿命为 3 ~ 6 年。

松鼠的牙齿很锋利，可以在两秒内咬破榛子、核桃等坚果的外壳，吃到里面的果仁。

如果你想去森林里寻找松鼠藏起来准备过冬的食物，那你恐怕会失望了！松鼠会像藏宝藏一样把这些食物藏在隐秘的地方，人和其他动物都很难发现。

松鼠以松子、橡子等坚果、蘑菇和树皮为食。它们非常不耐饿，如果有几天不吃东西，就会饿死。一只成年松鼠春季每天要吃 80 克的食物才能吃饱，而冬季每天吃 35 克的食物就饱了。

在大自然中，松鼠的存在有益于保护种子，促进树木繁衍。因为那些松鼠埋在底下，又忘记取出的种子往往能发芽，最终长成大树。

时髦的老饕: 伊比利亚猞猁

伊比利亚猞猁的外形非常优雅。红褐色或棕褐色的皮毛上有深褐色或黑色的斑点或斑块，面部茂密的络腮胡让人联想起狮子的鬣，看上去十分威风。你可不要靠近它们，更不要去抚摸它们的头。因为它们是一种残暴的猫科动物。

它们不仅衣着时髦，还十分挑剔，特别喜欢吃野兔，尤其是欧洲野兔，野兔构成了它们食物来源的85%。

伊比利亚猞猁喜欢待在杜松、橡树和黄连木林里，以及陡峭的山区。白天大部分时间，它们都在茂密的草丛里度过，等夜色降临了，则在草原四周活动，捕食最喜欢吃的野兔，直到清晨才回巢穴。夏季，伊比利亚猞猁只在晚上出来活动，而冬季则白天也会出门。它们具体的作息时间则以欧洲野兔的出没时间为准。

3 ×

一般一只成年伊比利亚猞猁每天吃一只兔子，而一只母猞猁每天至少需要捉3只兔子才够养活自己和宝宝。

伊比利亚猞猁如果找不到最喜欢吃的欧洲野兔，也会捕食鸭子和鹧鸪等。

伊比利亚猞猁是世界上生存状况最严峻的猫科动物之一，在全世界仅有1000多只野生伊比利亚猞猁存活。

伊比利亚猞猁最大的威胁是公路上飞驰而过的汽车。每年都有汽车撞死伊比利亚猞猁的事故发生，这也是该物种数量逐渐减少的原因之一。

名字:
伊比利亚猞猁

特点:
独居，凶猛，爱吃野兔

拉丁学名:
Lynx pardinus

体长 （不含尾长）:
0.85 ～ 1.1 米

体重:
10 ～ 13 千克

杀死埃及艳后的蛇：毒蝰

不要把毒蝰和普通的蛇混淆了。关于毒蝰，有个传奇的故事，传说有只毒蝰曾经一口把著名的埃及艳后克娄巴特拉七世咬死，在历史上留下了浓墨重彩的一笔。实际上，毒蝰并没有眼镜蛇的毒性那么强。在全球毒蛇排行榜中，毒蝰排不进前五，但放眼欧洲，毒蝰是最危险的蛇类之一。

毒蝰生活在有充足阳光、土壤干燥的高山丘陵地区。比如意大利的栗树和橡树林里会有毒蝰出没。它们有宽阔的三角形头部，微微上翘的鼻子，纵向的卵形瞳孔和独特的颜色，很容易辨别。

毒蝰先把猎物毒死，然后不咀嚼就一口吞下，因为嘴巴无法咀嚼，但胃里的肌肉会把猎物压缩到尽可能小的体积。尽管如此，毒蝰还是要花上一周的时间才能把猎物消化掉。

名字：
毒蝰

特点：
有毒，十分危险

拉丁学名：
Vipera aspis

前半身可抬离地面：
60 ～ 85 厘米

体重：
1 ～ 1.5 千克

毒蝰以蜥蜴、啮齿目动物以及鸟类为食，每隔3～4周吃一顿。

毒蝰是意大利最毒的蛇，意大利90%被毒蛇咬伤的事件都和这种蛇有关。

毒蝰通常在白天活动，夜晚懒懒地趴着休息。

被毒蝰咬一下会感到剧痛，如果不及时治疗，会有生命危险。

猜猜我是谁？

长着心形脸的猫头鹰：仓鸮

仓鸮是全世界分布最广的一种猫头鹰，甚至也是陆栖鸟类中分布最广的种类之一。除了南北极和沙漠地区，世界上其他地方几乎都能发现它们的踪影。树洞、山洞、高塔、屋顶、废弃的房屋都能成为仓鸮筑巢的地点。

仓鸮中等身材，没有其他猫头鹰身上常见的耳羽。它们喙上长了毛，呈脊状，这让它们看上去似乎有个鼻子。同时它们的脸庞呈白色的心形，在白色的脸庞上，一对眼珠乌溜溜的，好似没有尽头的黑洞。所以你如果是第一次见到仓鸮，会以为它戴了一个面具。仓鸮胸部和腹部的羽毛大都是奶白色的。

仓鸮很爱自己的伴侣，在一生的时间里多数夫妻形影不离。也许正是因为夫妻十分恩爱，才会长出心形的脸吧。

大多数仓鸮都喜欢在夜间活动，但英国和太平洋海岛上的仓鸮是在白天捕食的。

仓鸮是以蝙蝠等小型哺乳动物，鸟类、蜥蜴和昆虫为食。它们的听觉非常灵敏，能在黑夜里听到四周的动静，捕捉到猎物。

名字：
仓鸮

特点：
十分忠诚

拉丁学名：
Tyto alba

体长：
30 ～ 55 厘米

体重：
260 ～ 550 克

仓鸮通常只有一个伴侣，只要伴侣还活着，就很少会对伴侣不忠。

猜猜我是谁？

成年仓鸮的叫声和一般猫头鹰不同，更尖厉。甚至是还没学会飞行的仓鸮宝宝也会发出吱吱的叫声。

仓鸮的平均寿命约为 4 年，有很多仓鸮幼鸟都活不到成年。也有活到 18 ～ 34 年的"长寿"个体。

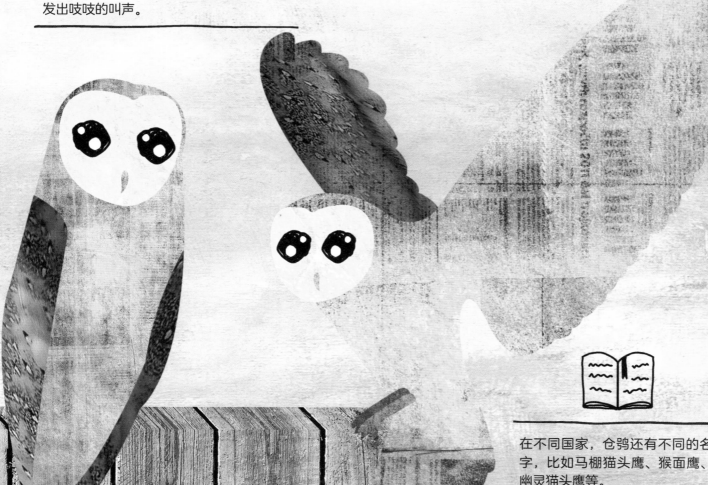

在不同国家，仓鸮还有不同的名字，比如马棚猫头鹰、猴面鹰、幽灵猫头鹰等。

欧洲野牛能活 14 ~ 16 年，但曾经有一头活到了 24 岁。

在夏季，野牛 60% 的时间用来进食，30% 的时间用来休息，剩下的时间四处闲逛。如果食物充足，一头成年的欧洲野牛一天能吃 32 千克的食物。

农场家牛的祖先: 欧洲野牛

在农田和农场，我们常常能看到耕作的家牛和产奶的奶牛，欧洲野牛其实就是它们还未被驯化的近亲。但欧洲野牛的数量非常少。由于人们疯狂地捕猎欧洲野牛，享用它们的牛肉、牛皮和牛角，20 世纪初它们几乎灭绝。但后来，欧洲人开始保护这种野牛，种群数量渐渐回升。通过不断努力，目前欧洲生活着约 6000 头欧洲野牛。

欧洲野牛是欧洲体形最大的食草动物。野牛并不是生活在牛棚中，而是成群生活在森林、草原等自然环境中。野牛有深褐色的皮毛，脑袋上有一对弯弯的大牛角，再加上庞大的身躯，让它看上去很帅气。当它们打架的时候，我们还是不要靠近比较好。因为公牛会为了争夺牛群领袖的地位而彼此挑衅，并试图让对方投降。有时这种冲突过于激烈，以至于骨折。但最终，胜出的那头牛会成为牛群的领袖。

野牛每天都要喝水。在冬天如果找不到水，它们会用蹄子把冰块踩碎，以此获得水源。

在第一次世界大战期间，德国士兵杀了大约600头欧洲野牛。

欧洲野牛平日里一副慢条斯理的样子，但有时却特别灵活。它们能跳过特别宽的峡谷，也能跃过两米高的篱笆。

名字：
欧洲野牛

特点：
容易愤怒，壮实有力

拉丁学名：
Bison bonasus

肩高：
1.7 ～ 1.9 米

体重：
600 ～ 1000 千克

母野牛会舔舐刚生下来的小牛犊，小牛犊也会试着站起来。在一个月左右大时，小牛犊会在母牛周围活动，但不会离开母牛的视线。如果母牛没有孕育新的小牛，它会喝母乳到一岁多。

童话中充满智慧的鸟：戴胜鸟

戴胜鸟在诗歌、童话等文学作品中具有重要的地位。波斯诗人阿塔尔在他的长诗《百鸟朝凤》中赞美戴胜鸟是最有智慧的鸟。它们有着弦状的黑色鸟喙、橙黄的羽毛，脑袋上长有皇冠般的黄色冠羽，冠羽顶端有黑斑，翅膀短小。戴胜鸟两个翅膀上的黑白花纹让它们看上去很酷。它们生活在果园、橄榄园、森林里，在树洞中或石堆间搭窝。

人们还没有测试过它们的智商，不过它们的几个特点就已经足够令人咋舌。比如戴胜鸟一生中只有一位伴侣，伴侣死后，它们也不会再找新的伴侣，而是选择孤独终老。一对戴胜鸟夫妻在一生中忠于彼此。雌鸟会用 22 ~ 24 天的时间孵卵，在孵化期间，雄鸟会负责喂养它。雌鸟在孵卵时，会产生一种有趣的防御机制。由于孵卵期间难以保护自己，鸟妈妈体内会分泌一种臭味液体，并涂抹在巢穴的四周和自己的羽毛上。这种液体不仅闻上去像腐肉味，让敌人丝毫不想靠近，还能杀灭鸟窝里的细菌。

戴胜鸟会把一块区域划为自己的领地，不允许任何生物进入。所以戴胜鸟常常和同伴打架。

戴胜鸟喜欢在泥巴和沙子里洗澡。

戴胜鸟至少出现在不同国家的 70 种邮票上。

名字：
戴胜

特点：
童话中的英雄

拉丁学名：
Upupa epops

体长：
25～30 厘米

体重：
45～90 克

戴胜鸟在古埃及文化中被认为是神圣的，因此常被刻画在墓室和庙宇的墙壁上。

戴胜鸟又称臭姑鸪、鸡冠鸟、山和尚。广泛分布在亚洲、欧洲和非洲。

戴胜鸟飞行在绿树间时，很容易被人误认为一只大蝴蝶。这是因为戴胜鸟在飞行时并不是一开一合地扇动翅膀，而是小幅度地快速振动翅膀。

戴胜鸟的主要食物有昆虫、小型爬行动物、青蛙、种子和果实。而它们长长的喙也可以插入土里，捕捉幼虫、毛毛虫来果腹。

飞檐走壁的猎手: 地中海壁虎

地中海壁虎虽然只有小拇指大小，但它看似无辜的外表实则欺骗了许多人。地中海壁虎可是娴熟的猎手。但别担心，它们不会咬你的。地中海壁虎以昆虫和蜘蛛为食。它们能在任何环境下生存下来，包括人类居住的房屋。不过，地中海壁虎更喜欢生活在类似地中海气候的温暖地区。

白天，地中海壁虎藏在隐蔽的角落里，夜晚才出来活动，喜欢捕食趋光性强的昆虫。因此，你常常能看到一只地中海壁虎在天花板上或者路灯旁"站岗"。

地中海壁虎的每个趾头都有突起，像一个个小肉垫，这甚至可以让它在垂直的平面上迅速爬行。和蚊子一样，地中海壁虎也可以在任何倾斜角的墙面上站稳。得益于这一特点，地中海壁虎不仅能轻松吃到虫子，还能吃到藏在墙壁角落里的蜘蛛。

地中海壁虎每次产 1 ~ 2 枚卵，一枚卵差不多就有身体的四分之一大。

名字:
地中海壁虎

特点:
敏捷的猎手

拉丁学名:
Hemidactylus turcicus

体长:
8 ~ 13 厘米

体重:
80 ~ 100 克

一只雌地中海壁虎每年产 2 ~ 3 次卵，每次产 1 ~ 2 枚卵。这些卵呈椭圆形，有白色的坚硬卵壳，会被地中海壁虎妈妈藏在高处的树洞里、棕榈树的叶子底下，或是其他安全的地方。

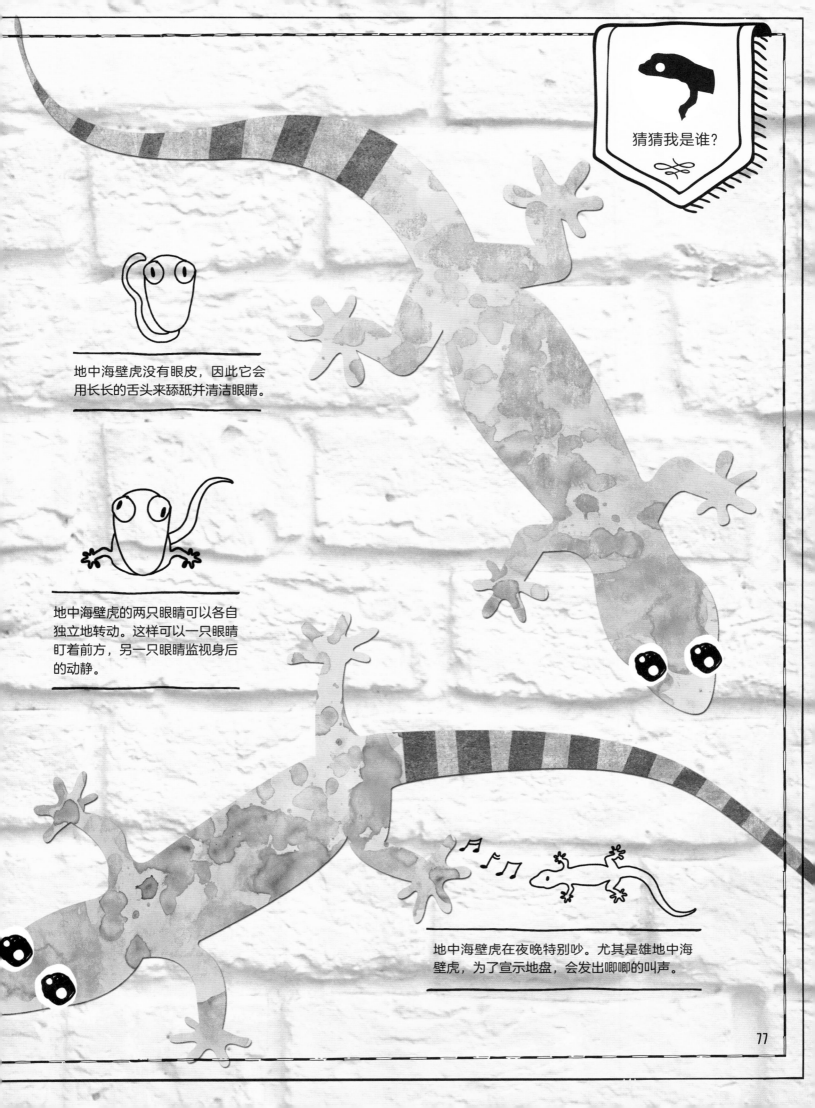

地中海壁虎没有眼皮，因此它会用长长的舌头来舔舐并清洁眼睛。

地中海壁虎的两只眼睛可以各自独立地转动。这样可以一只眼睛盯着前方，另一只眼睛监视身后的动静。

地中海壁虎在夜晚特别吵。尤其是雄地中海壁虎，为了宣示地盘，会发出唧唧的叫声。

诡计多端的伪装大师: 北美负鼠

负鼠以小巧的身躯、可爱的外表和非凡的模仿能力而闻名。和一般生活在澳大利亚的其他有袋类动物不同，负鼠主要生活在美洲大陆。

北美负鼠，是有袋类动物中最机灵也最狡猾的，也是众多负鼠中体形最大的一种。它们毛色多变，多呈灰褐色，面部白色，耳朵里没有绒毛，鼻子又尖又长。

负鼠妈妈通过12～13天的孕期，生下4～25只负鼠宝宝。这些小负鼠刚出生时比一只蜜蜂都小，待在妈妈的育儿袋中逐渐长大。在育儿袋中，小负鼠可以轻易够到负鼠妈妈13个乳头中的任意一个。小负鼠在袋里发育50～70天，就可以自由出入育儿袋了。

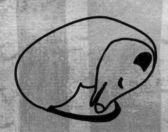

负鼠一般有2年的寿命。

负鼠是特别机灵且狡猾的小动物。在遇到危害时，它们会就地蜷成一团，一动不动，张开嘴巴，伸出舌头——这是在装死。它们演得很投入，甚至能一动不动地在原地躺长达6个小时。

名字：
北美负鼠

特点：
伪装大师，诡计多端

拉丁学名：
Didelphis virginiana

体长：
30～50厘米

体重：
4～6千克

负鼠宝宝并不是完全从妈妈的子宫里发育成熟后出生的，而是出生后爬进育儿袋中继续发育。这是有袋类动物和其他哺乳动物最大的不同。

负鼠妈妈对照顾负鼠宝宝不太感兴趣，爸爸则根本无心搭理它们。因此负鼠宝宝们只好一起玩耍。

有袋动物很多生活在澳大利亚和北美洲大陆。

猜猜我是谁？

有体香的牛：麝牛

从远处看，你会以为它是一头小牛或一只大绵羊，但这其实是一头生命力顽强的麝牛！麝牛甚至能在与之同时期的猛犸象都活不下去的土地上继续存活，是一种适应性很强的牛。猛犸象已经灭绝了，但麝牛还甩着它帅气的毛发，悠闲地散步。

麝牛和我们在农田里常见的牛有所不同。从额前长出来的一对牛角，神似涂了发蜡而黏在头上的两个向上翘的小辫。母麝牛的牛角间还夹杂着毛发，而公麝牛的两只角是连在一起的。麝牛皮柔软、轻盈，毛长而浓密，既保暖又让麝牛看上去更加威武。为了抵御严寒，在外层绒毛底下，还有相对较短的内层绒毛。

那么这种看上去好像披着一层被子、毛发蓬松的动物为什么叫麝牛呢？因为公麝牛为了吸引母麝牛，同时也为了标记走过的路线，体内会分泌一种类似麝香味的液体。这种强烈而甘甜的气味正是名字中"麝"字的由来。

在冬天，12～24头麝牛会组成一个小群体，共同生活；而夏季，群体的规模会减少到8～20头。

麝牛有12～20年的寿命。

麝牛以青草、北极特有的北极柳以及苔藓为食。

麝牛奔跑时最快速度能达到每小时60千米。

麝牛看上去不像牛，反而更像一只巨大的羊，因此也有人叫它羊牛。

麝牛有两层毛，内层皮是短毛，外层皮是长毛。外层毛长度可达60厘米。

名字：
麝牛

特点：
有体香，毛发长而厚

拉丁学名：
Ovibos moschatus

肩高：
1～1.5米

体重：
200～450千克

81

水坝工程师：美洲河狸

美洲河狸是北美洲最大的啮齿目动物。它们和两岁小孩差不多大小，十分勤劳，通体灰褐色，有巨大而光亮的门牙，很容易辨认。

这种可爱的小动物喜欢在夜间工作，它们会用淤泥、石头和树枝在小溪里建水坝。它们修建的水坝从远处看，好像一个用树枝搭在水中间的小丘。河狸会把自己的"家"建在这个水坝的底部，而家门则是在水下。这样一来，它们的敌人就难以闯进家了。在夏天，小窝只由树枝构成，而冬天则会糊上泥巴，以达到保暖的效果。美洲河狸会根据水流的缓急来修建不同的水坝：在平缓的水流中，水坝建得平整；在急促的水流中，水坝建得陡峭。因此美洲河狸"水坝工程师"的美称并不是徒有虚名！

美洲河狸可以在水下憋气长达 15 分钟。

美洲河狸修建的水坝是它们坚固的窝穴，也为水鸟、小鱼和其他动物提供了良好的生活环境。有人认为，美洲河狸修建水坝的活动，还有助于减缓土壤侵蚀，以及减小洪灾发生的概率。

名字：
美洲河狸

特点：
天生的工程师

拉丁学名：
Castor canadensis

体长：
75 ～ 90 厘米

体重：
10 ～ 30 千克

水坝工程师：美洲河狸

美洲河狸的牙齿长约2.5厘米，虽然牙齿一生中都在不停地生长，但却长不了太长，因为它们总是啃东西来磨牙。通过啃食坚硬的树皮，河狸的牙齿一边被磨平，一边继续生长。

美洲河狸是加拿大的象征之一，也是加拿大的"国兽"。美洲河狸的形象还出现在了加拿大的5分硬币上，以及麻省理工学院等诸多美国工科院校的校徽上。

猜猜我是谁？

美洲河狸能在水中自由活动，是因为它们不仅有可以闭合的鼻孔和耳朵，而且还有透明的眼睑，能在水下看得一清二楚。原来它们不仅是优秀的工程师，还是装备精良的潜水员呢。

美洲河狸有力的爪子非常便于挖土和收集修建水坝的材料。

爱吸食花蜜的飞行专家：吸蜜蜂鸟

吸蜜蜂鸟是世界上最小的鸟，只有约一勺糖的体重，雄吸蜜蜂鸟甚至比雌吸蜜蜂鸟还要小。而且和雌鸟不同的是，雄鸟的脖子和头部周围有华丽的羽毛，带着金属光泽。你问为什么？因为雄吸蜜蜂鸟要靠这些华丽的羽毛来吸引异性的目光。当雄吸蜜蜂鸟想吸引异性时，会停留在太阳底下，这样羽毛看上去就更艳丽了。

吸蜜蜂鸟的翅膀在空中通过划"8"字，来振动飞行。通过这一独特的飞行技巧，它们可以很灵活地在空中控制自己的身体。吸蜜蜂鸟是世界上唯一一种能向后飞的鸟类。它们还能飞行时悬停在空中呢！在吸食花蜜时，它们会一边振动翅膀停在半空中，一边进食。它们又尖又长的喙可以伸进花瓣里面吸食花蜜，极少有动物这么灵活。吸蜜蜂鸟在吸食花蜜时，并不会伤害到花朵，还可以帮花朵传粉并繁衍后代。因此吸蜜蜂鸟和花朵是互相帮助的好朋友。

吸蜜蜂鸟的巢大约有一个核桃大，它的卵只有一颗豌豆大。2～3周内，吸蜜蜂鸟宝宝就会破壳而出，再过1～2周就会飞行了。

吸蜜蜂鸟会叽叽喳喳叫，也会唱歌，只不过吸蜜蜂鸟的歌声在人类听起来十分单调。

吸蜜蜂鸟的寿命是7年左右。

名字：
吸蜜蜂鸟

特点：
翅膀拍得特别快

拉丁学名：
Mellisuga helenae

体长：
5 ～ 6 厘米

体重：
约 2 克

吸蜜蜂鸟每秒能拍动大约 200 下翅膀。

猜猜我是谁？

吸蜜蜂鸟的进食频率很高，每天累计花 4 个小时来进食，其间大概会拜访 1500 朵花。

吸蜜蜂鸟不喜欢迁徙。它们生活在温暖地区，也不需要迁徙。在季节更替的时候，会飞到花朵密集的地方采蜜。吸蜜蜂鸟为古巴特有鸟类。

吸蜜蜂鸟并不只吸食花蜜，它们还会吃一些小虫子来补充蛋白质。

可在水面上奔跑的爬行动物：双冠蜥

假设你走进了墨西哥的一片雨林，沿着林子里的小溪前进，这时你发现在一片阴凉的灌木丛里，有一只亮绿色，尾巴带着条纹，头上有船帆形状头冠的爬行动物。你想走近，以便更好地观察，它却像雕塑一样一动不动。而等你再接近一点，它却蹬起后腿跳到水面上逃跑了。是的，你没看错，它是踩在水面上飞快地逃跑的。

你别太惊讶，双冠蜥看上去好像是一种只出现在童话故事里的可爱动物，它们"水上漂"的秘密就藏在四肢上。在水面上行走时，它们的脚面会展开，变得很宽，脚的四周呈口袋状。脚像一艘小船，在短时间内不会踩进水中。在水面上，双冠蜥会快速奔跑，在水浸满脚四周的小口袋前，抓紧时间通过水面。不过，即使不小心落入水里，它们也并不担心，因为它们水性很好，可以待在水里两小时不换气。

名字：
双冠蜥

特点：
可在水面奔跑

拉丁学名：
Basiliscus plumifrons

体长：
60 ～ 75 厘米

体重：
约 200 克

雄性头部有突出的头冠，背上有帆状背鳍，背部和尾部都有隆起的脊突，雌性没有这些特征。

双冠蜥妈妈会在安全的地方产下 20 多枚卵，而宝宝们会安然无恙地从卵中孵化出来。

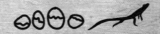

双冠蜥宝宝一出生，就会奔跑、游泳和攀爬。

双冠蜥大部分时间都在水边的树上度过，只有在遇到危险时，才会跳到水面上逃走。

双冠蜥的寿命大约是 7 年。

双冠蜥在水面上奔跑时，速度最快能达到每小时 10 千米，年轻的双冠蜥可以更快。

87

巨型老鼠：水豚

水豚是世界上最大的啮齿目动物。说白了，就是世界上最大的老鼠。它们有锋利的门牙，身体可长到1米多长。但别害怕，它们是一种对人类无害的动物。水豚以青草、水草、树皮以及各种瓜类为食。水豚没有尾巴，整个身体好像一个大圆筒，十分壮硕，背上的毛呈红褐色到暗灰色。

水豚很喜欢水。它们的四肢像鸭掌一样是蹼状的，因此在水中可以行动自如。水豚游泳时，眼睛、耳朵和鼻孔都能露出水面，因此在水里也可以轻松生活。水豚常栖息在沼泽地中、河流湖泊的岸边，可以憋一口气，在水底下活动整整5分钟，再浮出水面换气。如果有敌人想吃掉它们，它们就马上钻到水下。

水豚是很社会性的动物，通常10～30只水豚一起生活。有时也会出现100多只水豚一同觅食、一同分享食物的景象。

雌水豚的个头儿比雄性的还要大。

水豚的寿命只有8～10年。

生活在一个族群里的雌性水豚会共同承担起照看群体里的宝宝的责任，并负责给它们喂奶，照顾它们长大。

作为啮齿目动物，水豚的两个大门牙是终生不停生长的，它们会不断啃树皮、吃草来磨牙。

水豚宝宝刚出生没几个小时，就能站立和奔跑了。

水豚会发出各种各样的声音来彼此沟通，比如说悄悄话、大喊、唧唧叫，以及吱吱叫。它们还会通过释放气味来交流信息。

名字：
水豚

特点：
社会性强，有责任感

拉丁学名：
Hydrochoerus hydrochaeris

肩高：
约 0.5 米

体重：
35 ～ 66 千克

紫蓝金刚鹦鹉喜欢待在高处，栖息在树洞和峭壁上。

湛蓝而优雅的巨鸟：紫蓝金刚鹦鹉

一只紫蓝金刚鹦鹉在卵内发育一个月后，便来到这个世界。当鹦鹉宝宝破壳而出时，它会发现妈妈早已准备好了舒适的鸟窝。这时，它还只是一只没长毛的幼雏，连吃饭都不会。鹦鹉妈妈会把事先消化了一半的流食喂到宝宝的口中。再过一周，鹦鹉爸爸也加入了喂食工作。大约 13 周后，小鹦鹉就长出了令人叹为观止的湛蓝色羽毛。紫蓝金刚鹦鹉的羽毛是干干净净的天蓝色，除此之外，它亮黄色的下颌末端是深色的喙，它也被称为优雅的巨鸟，看上去仿佛是从天堂来的物种。

刚出生时的紫蓝金刚鹦鹉宝宝没有毛，翅膀软弱无力，却能在 18 个月后长成一只重达 1.5 千克的巨鸟，离开巢穴，开始独立生活。它会先找到自己的伴侣，和伴侣一起嬉戏、飞行、吃各种果实，度过余生。

名字：
紫蓝金刚鹦鹉

特点：
体形最大的鹦鹉

拉丁学名：
Anodorhynchus hyacinthinus

体长：
90 ～ 100 厘米

体重：
1 ～ 1.5 千克

猜猜我是谁？

作为世界上最大的鹦鹉，紫蓝金刚鹦鹉总长度可达 1 米，其中半米是尾巴。

巨型的鸟喙仿佛是它的第三只脚，借助鸟喙，紫蓝金刚鹦鹉可以毫不费力地爬上很高的树木，吃到美味的果实。鸟喙还可以敲破坚果的外壳，这样就能吃到里面的果仁。

紫蓝金刚鹦鹉大约能活50年，通常一生只会找一个伴侣。

有毒但无害的蛙：金色箭毒蛙

绿色、黄色、橙色、白色、蓝色、金色……不同种类的箭毒蛙有不同的鲜明肤色，它们像小仙子一样生活在森林的深处。在亚马孙的茂密热带雨林里，在树丛中跳来跳去的这种小动物外表格外迷人，但你一定不要被它们所迷住并想要靠近。其中金色箭毒蛙是世界上毒性最大的一种生物。不过金色箭毒蛙皮肤上的毒素只是用来保护自己的武器，只要不碰到它，不吃它，就不会中毒。

那如果两只箭毒蛙互相拥抱了一下，会怎么样呢？它们会中毒吗？并不会。因为它们天生不怕毒，所以毒素对它们没有影响。

目前，确实还没有人见到两只青蛙互相拥抱的场景，不过，金色箭毒蛙是相当喜爱交朋友的动物。它们通常 4 ~ 7 只组成一个小团体，一起行动。它们之间交流频繁，往往会用声音或者面部表情来传递信息。

名字：
金色箭毒蛙

特点：
有毒，聪明

拉丁学名：
Phyllobates terribilis

体长：
3.5 ~ 4.5 厘米

体重：
约 2 克

金色箭毒蛙会把卵产在隐蔽的干草底下。幼蛙破卵而出后，会趴到母蛙的背上。母蛙则把它们带到有积水的树洞中。幼蛙在这里吃苔藓和蝇类的幼虫，慢慢长大。

金色箭毒蛙是出了名的贪吃，它们的菜谱中很常见的一道菜是蚂蚁。它们也很乐意吃雨林地面上的白蚁和其他昆虫。

金色箭毒蛙黏糊糊的长舌头在伸出去抓取猎物时总是百发百中。人们推测，它们动作之所以这么精准，是因为和其他蛙类相比，金色箭毒蛙的大脑和眼睛更发达。

1毫克的金色箭毒蛙毒素就足以杀死1万只老鼠，或是10～20个人，或是2头巨大的非洲象。

金色箭毒蛙是最聪明的蛙类之一。它们被放在实验室观察时，会在几周内就认识照看自己的观察员。

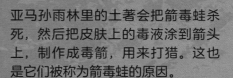

亚马孙雨林里的土著会把箭毒蛙杀死，然后把皮肤上的毒液涂到箭头上，制作成毒箭，用来打猎。这也是它们被称为箭毒蛙的原因。

93

秘鲁鲣鸟的平均飞行时速为 44 千米。但研究发现，秘鲁鲣鸟的飞行时速可达 139 千米。

秘鲁鲣鸟可以潜入水中 4 米深，并在水中待 15 秒。

鲣鸟爸爸和妈妈会共同孵卵。在 24 天的孵卵期结束后，父母都会照看孩子。

它的便便好珍贵：秘鲁鲣鸟

　　远远地看，秘鲁鲣鸟有白白的身子和浅棕色的翅膀，尾巴和背上带着图案，好似一个穿着坎肩的老奶奶。但你再观察它捕猎的样子！它从高处突然俯冲至水面，一头扎进水中，用又大又长的喙以迅雷不及掩耳之势叼住小鱼，你会惊叹它身手敏捷。而且通常情况下不是一只，而是 30 ～ 40 只鲣鸟一同捕食，它们同时俯冲扎进水中捕鱼的场面十分壮观。秘鲁鲣鸟最喜欢的食物是秘鲁的凤尾鱼。

　　这种有魅力的鸟不光捕鱼本领强，还能拉出值钱的大便。我不是在开玩笑，秘鲁鲣鸟的大便是世界上最值钱的大便！因为它们的大便中含丰富的矿物质等养分。

海鸟的鸟粪是优质的农业肥料。

雄性鲣鸟的叫声像口哨，雌性鲣鸟的叫声是尖锐的嘎嘎声。

由于近年来厄尔尼诺现象的影响，秘鲁鲣鸟的数量只剩下原来的十分之一。

名字：
秘鲁鲣鸟

特点：
粪便是完美的肥料

拉丁学名：
Sula variegata

体长：
65 ～ 75 厘米

体重：
12 ～ 16 千克

世界上最小的鹿：南普度鹿

可能你第一眼看到南普度鹿，会感觉它们很眼熟，但又叫不出名字。南普度鹿可是世界上最小的鹿，肩高和一只猫差不多，有着短短的四肢、离地面很近的短小躯干和迷你的鹿角，一般出没于灌木地带和陡峭的山区。在这些地形下，它们可以轻易甩开美洲狮、狐狸和野狗的追击。受到威胁时，它们会以之字形路线逃跑，或是快速爬到河畔的树上。但这些办法还不足以让自己时刻安全，所以在白天，它们一般隐藏在光线较暗的环境中，避免被发现。

南普度鹿宝宝在出生后的一段时间内都待在窝里，哪儿也不去，只有在妈妈给它喂奶时才会出来。再长大几周，小南普度鹿开始和妈妈一起四处转悠。一直到满一周岁，小鹿都会和妈妈形影不离，而南普度鹿爸爸并不会照顾幼崽。小鹿的体重每天平均增长 53 克，直到成年。在 3 ~ 5 个月大时，皮毛的白色斑点会逐渐褪去。8 个月大时开始长角，在 7 岁大时鹿角达到 10 ~ 15 厘米长。

雌性南普度鹿的体重比雄性轻约 1 千克。

南普度鹿是食草动物。它们的食物来源主要有竹子、树叶、树皮、嫩枝、花朵和果实等。

名字：
南普度鹿，又称智利巴鹿

特点：
小小的体形

拉丁学名：
Pudu puda

肩高：
35 ～ 46 厘米

体重：
6.5 ～ 13.5 千克

猜猜我是谁？

南普度鹿栖息在南美洲雨林里的浓密灌木丛和竹林中。

南普度鹿会在树上和地面留下气味来互相传递信息。雄鹿在树上留下气味，用来宣告自己对这片领地的所有权。

南普度鹿的寿命一般是 12 ～ 14 年。

南普度鹿是世界上最小的鹿。

南普度鹿往往独自或成对生活。我们所能见到最大规模的南普度鹿群也不过是三只鹿罢了。

只能用一个"懒"字来形容: 褐喉树懒

褐喉树懒是世界上行动最缓慢的动物。它们特别懒，甚至懒得清洁自己的身体，以至于毛发里生长着藻类和一些微生物。藻类通常长在树上或是岩壁上，你就能想象身上长藻类的褐喉树懒到底有多懒。但其实这些藻类和褐喉树懒仿佛逐渐达成秘密的约定。因为藻类在树懒的身上肆无忌惮地生长的同时，树懒也会把藻类吃进肚子，补充营养；而且身上的藻类也为树懒提供了草绿色的伪装，这样一来，褐喉树懒就很难被天敌发现。尽管这种关系听上去十分匪夷所思，但你还是可以把它们看作互相帮助、共同生存的好朋友。

褐喉树懒生活在树冠的高处。它们的双臂十分有力，手掌有三根"手指"，指尖上的钩爪可以牢牢抓住树枝，让它们倒挂在半空中。它们甚至可以以这种姿势吊在半空中睡觉。不过话说回来，一天中的大部分时间里，树懒都在睡觉——它们每天能睡 15 ~ 20 小时。剩下的清醒的时间里，它们也只是一动不动地待着，饿了就会慢悠悠地吃所在的树枝上的叶子、花朵和果实。

褐喉树懒的后肢比较弱，所以在地面上行走有些困难。但它们很擅长游泳，有时会直接从树上跳进河里，开始自由泳。

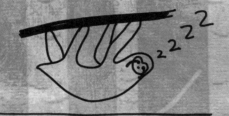

褐喉树懒睡觉的方式有两种：第一种是睁着眼睛睡，防备危险；第二种是闭着眼睛睡。当然了，它们不管是睁眼睡还是闭眼睡，都是挂在树上。

名字:
褐喉树懒

特点:
懒洋洋的游泳健将

拉丁学名:
Bradypus variegatus

体长:
40 ~ 80 厘米

体重:
2.2 ~ 6 千克

褐喉树懒能活 30 ~ 40 年。

褐喉树懒的脖子能转 270 度。如果你从身后接近一只树懒，它可以完全转头来看你。

褐喉树懒的天敌是老鹰和野猫等。不过，只要待在树上，这些天敌就很难抓到它们，所以它们很少到地面活动。

母褐喉树懒会在树上产崽。从这时起，其他母树懒会过来帮这只母树懒清洁身体，也会照看树懒宝宝，不让宝宝掉下去。

爱吃桉树叶、爱睡觉的动物：考拉

考拉也叫树袋熊。它们平时每天约花 20 小时睡觉，剩下的时间用来吃饭。睡觉和吃饭就是它们的两大爱好。桉树既是考拉的厨房又是卧室，一个家庭里的考拉在同一棵桉树上和平共处。它们还会用爪子在树干上划出痕迹，这样一来，这棵被标记了的桉树就只属于这一家考拉啦。

考拉最主要的食物来源就是桉树叶。这种叶子其实是有毒的，但考拉有独特的鼻子和消化系统，可以把桉树叶吃进肚子而且不会中毒。虽然我们会觉得考拉真的很爱睡觉，但考拉每天花 18 ~ 22 个小时睡觉，其实是为了节省能量。因为这样，它们的能量就不会花费在没用的事情上，而是用来消化有毒的桉树叶。澳大利亚当地人把这种小动物称作考拉，也就是"不喝水"的意思。因为考拉靠吃桉树叶来满足水分需要，几乎不喝水。

考拉最重要的器官是鼻子。它的鼻子十分灵敏，能够分辨出桉树叶子的毒性大小，从而吃到合适的桉树叶。

考拉身上有厚厚的一层毛，可以很好地保暖。这层毛还能像雨衣一样，将雨水挡在体外，让身体保持干燥。

名字：
考拉

特点：
爱睡觉，爱吃桉树叶

拉丁学名：
Phascolarctos cinereus

体长：
60 ~ 85 厘米

体重：
4 ~ 15 千克

考拉的平衡感特别好。如果它想从一棵树跑到另一棵树上，又懒得下去再上来的话，可以直接跳过去。

如果一只考拉发现其他考拉想爬上自己的领域树时，它会把那只来犯的考拉赶到树枝的末端，然后自己在另一端堵着它长达数小时，就像把它关押起来似的。

考拉的睡姿会根据季节来调整。在炎热的夏天，它会四肢都挂在树上，身体垂在半空中；冬天则会蜷缩成一个球来睡。

猜猜我是谁？

和袋鼠一样，考拉宝宝也是在妈妈的育儿袋中逐渐长大的。

考拉和大多数动物不同的一点是，有5根指。其中前掌的两根指头挨在一起，和其余三根指头相对而生。这种结构可以让考拉牢牢抓住树干。

会产卵的哺乳动物：大长吻针鼹

  大长吻针鼹是卵生哺乳动物。它们有着哺乳动物的大多数特征：体表被毛，体温高而恒定，用母乳喂养后代等。但它们也有卵生动物（比如鸡、乌龟）的特征——幼崽会从卵中孵化出来。包括大长吻针鼹在内，共有五种靠产卵来繁衍后代的卵生哺乳动物，其中体形最大的就是大长吻针鼹了。

  大长吻针鼹尽管名叫"针鼹"，但它们的针刺又稀疏又短，反而是头前方的长吻更引人注目。这长吻的末端就是小小的嘴巴。大长吻针鼹通常是棕黑色的。

大长吻针鼹行动迟缓，所以在受惊时很难迅速逃跑，但并不会束手就擒，而是会蜷缩成一个球，只把尖刺露在外面。

大长吻针鼹虽然名叫"针鼹"（针鼹通常吃蚂蚁），但最喜欢的食物却是蚯蚓。

名字：
大长吻针鼹

特点：
害怕时会蜷缩成一团

拉丁学名：
Zaglossus bartoni

体长：
45 ～ 100 厘米

体重：
5 ～ 10 千克

猜猜我是谁？

针鼹通常在傍晚和夜间出来捕食，一生中的大部分时光都是独自度过的。

针鼹和鸭嘴兽是近亲，它们都是卵生哺乳动物。

鸭嘴兽

森林的破坏，以及人们对大长吻针鼹美味肉质的垂涎，都导致了其数量的减少，以至于濒临灭绝。

相对于身体的比例，褐几维鸟的鸟蛋是鸟类中最大的。雌性褐几维鸟会产下重量相当于体重四分之一的蛋，比鸡蛋大 6 倍。

不会飞的鸟: 褐几维鸟

　　褐几维鸟（鹬鸵）是澳大利亚和新西兰特有的一种不会飞的鸟，还是新西兰的国鸟。它们特别害羞，为了不让人发现，通常在夜间出没，白天躲起来。褐几维鸟小小的翅膀几乎看不见，想在蓬松的毛间找到它们的翅膀可是一件难事。褐几维鸟虽然不会飞，但双腿很发达，所以跑得飞快。

　　褐几维鸟以家庭为单位生活。夫妻十分恩爱，在成家后二十多年的时间里，全家都生活在一起。褐几维鸟是杂食动物，荤素都吃，但还是以肉食为主，比如成虫、幼虫和若虫形态的昆虫。褐几维鸟视力不太好，因此主要靠喙部顶端灵敏的鼻子来确定食物的位置。

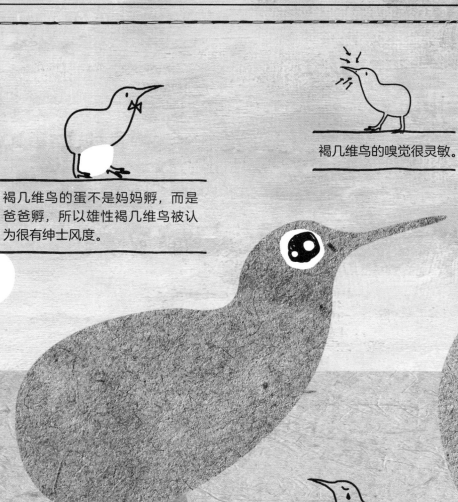

褐几维鸟的蛋不是妈妈孵，而是爸爸孵，所以雄性褐几维鸟被认为很有绅士风度。

褐几维鸟的嗅觉很灵敏。

猜猜我是谁？

野生褐几维鸟常成为白鼬等捕食者的盘中餐，数量已经很少了。

褐几维鸟的小翅膀和尾巴都在羽毛下，很难找到。

名字：
褐几维鸟

特点：
嗅觉灵敏，不会飞

拉丁学名：
Apteryx australis

体长：
65 ～ 70 厘米

体重：
1.5 ～ 4.5 千克

冰川上的绅士：帝企鹅

南极洲的冬天漫长而严寒。这里有地球上最寒冷的气候，风力也最猛烈。冬季平均气温为零下60℃，夏季平均气温也不超过零下20℃。在这种气候中，企鹅不可能坐着孵卵，因为地面温度太低了。

这时，甘于奉献的企鹅爸爸登场了。它会从企鹅妈妈那里接过企鹅蛋，然后在两个月的寒冷冬季里，把蛋稳稳地放在脚背上，并用腹部下端的袋状皮褶盖住蛋。这样一来，蛋就不会受到酷寒天气的影响。企鹅爸爸在孵卵的同时，企鹅妈妈忙着填饱肚子。等妈妈吃饱喝足回来时，雏企鹅已经破壳而出了。这时，照顾后代的工作就交给了企鹅妈妈，企鹅爸爸则会慢悠悠走到海边去寻找食物。

帝企鹅是体形最大的企鹅。

在孵企鹅蛋的日子里，企鹅爸爸不吃不喝，体重会减少12千克左右。

企鹅最喜欢的食物是鱼和虾。

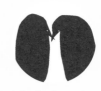

企鹅是不会飞的鸟类，它的翅膀不能用来飞翔，但却有利于游泳。

企鹅的毛比许多鸟类的羽毛都要更紧密。它们的毛发不仅能防水，还能保暖。

企鹅能潜到水下 500 米去抓鱼，还能一口气在水下活动15分钟。

名字：
帝企鹅

特点：
有甘于奉献的好爸爸

拉丁学名：
Aptenodytes forsteri

体长：
1 ～ 1.2 米

体重：
22 ～ 45 千克

世界上最大的动物：蓝鲸

蓝鲸是世界上体形最大的动物，有35头大象那么重。显而易见，这么大的动物有一张"血盆大口"，不过这个大嘴巴里并没有锋利的牙齿。蓝鲸并不吃鱼，也不吃大型生物，大嘴巴更像是一个筛子，能滤下海水里的磷虾。

磷虾只有1～2厘米长，成群生活在南极附近的冰冷海水中。在南极地区，一吨的海水中就有大约6万只磷虾。而蓝鲸一口能吞下55吨海水，把几百万只磷虾一下子吞进肚子里。只要鲸鱼张开大嘴在磷虾群里晃动两下，再一闭嘴排出海水，就吃进了一天的食物。

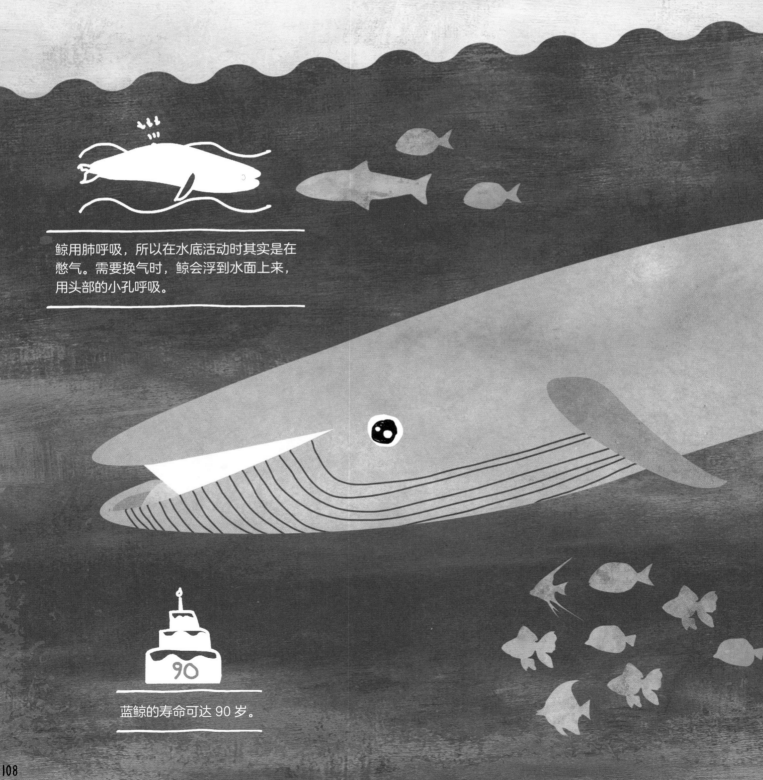

鲸用肺呼吸，所以在水底活动时其实是在憋气。需要换气时，鲸会浮到水面上来，用头部的小孔呼吸。

蓝鲸的寿命可达90岁。

名字：
蓝鲸

特点：
世界上体形最大的动物

拉丁学名：
Balaenoptera musculus

体长：
20 ～ 34 米

体重：
100 ～ 160 吨

猜猜我是谁？

蓝鲸的游动速度在 20 千米 / 时左右，但如果遇到紧急情况，它庞大的身躯却能以 50 千米 / 时的速度游动。

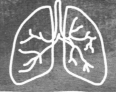

蓝鲸的肺可以容纳约 5000 升的空气。

一只养在水族馆中的鲸只靠一个人完全伺候不过来，因为它每天要吃 3.5 吨的虾。